Sieben Münchner Mumien

Mumien

Anmerkungen und Untersuchungsberichte

SIEBEN MÜNCHNER MUMIEN

Anmerkungen und Untersuchungsberichte

E. Matouschek

(Hrsg.)

K. S. Kolta · A. Nerlich et al.
D. Schwarzmann-Schafhauser · A. Zink

SOCIO-MEDICO
VERLAG & AGENTUR
Medizin + Wissenschaft

Umschlagabbildung:

Mumienportrait aus Fayum, 70 - 80 n. Chr.
(gefärbtes Wachs auf dünner Hartholzplatte)

© 2002 Socio-medico Verlag & Agentur für medizinische Informationen GmbH, 82405 Wessobrunn

Layout & Technik: kreativ & mehr Padberg, 82441 Ohlstadt

Druck: Jos. C. Huber KG, 86911 Dießen/Ammersee

Gedruckt auf chlor- und säurefrei gebleichtem Papier

ISBN 3-927290-74-2

Inhaltsverzeichnis

Vorwort

Mit Genehmigung des damaligen Direktors der »Staatlichen Sammlung ägyptischer Kunst« in München, Herrn Prof. Dr. Müller, wurden 1967 erstmals Röntgenuntersuchungen an den dort befindlichen sieben Mumien durchgeführt.

Im Zusammenhang mit dem II. Weltkrieg und seinen Folgen war es zu nicht unerheblichen Beschädigungen der Mumien gekommen, wie auch deren Identifikation Schwierigkeiten bereitete. Zum Zeitpunkt dieser Untersuchungen waren die Mumien noch im Institutskeller ausgelagert und dort großenteils auf Schränken verwahrt.

So boten sich denn die Röntgenuntersuchungen als nicht invasives Verfahren geradezu an, zunächst Aufschluss zu geben über das Geschlecht und gegebenenfalls auch das Alter der uns vorliegenden Mumien. Hinzu kam die Feststellung der durch äußere Gewalt an ihnen verursachten Schäden, gleichgültig ob es sich dabei um die Folgen eines schon zu Lebzeiten erlittenen Unfalls oder das Ergebnis später an den Mumien vorgenommener Verstümmelungen handelte. Differentialdiagnostisch hiervon abzugrenzen waren im Zusammenhang mit der Mumifizierung erfolgte destruierende Maßnahmen, wie etwa die gezielte Entfernung von Muskulatur z.B. an den Beinen, oder auch die im Zusammenhang mit der Mumifizierung erfolgten, oft schweren Beschädigungen des Leichnams. Hinzu kam das Bemühen um die Erkennung anderer, bei den Mumien mit Röntgenstrahlen zu erfassenden Erkrankungen. Auch ging es um die Feststellung in die Mumien eingebrachter Füllstoffe, z.B. Erde, Nilschlamm, Sägespäne usw., wie diese bei Mumien zur Auffüllung von Körperhöhlen oder zu kosmetischen Korrekturen Verwendung gefunden hatten. Ebenso bezogen sich die Untersuchungen auf die Auffindung von »Organpaketen«, die etwa nach der 21. Dynastie üblich geworden waren. Nur selten gelingt allerdings die Identifikation eines aus kultischen Gründen vorgenommenen Eingriffs, wohingegen schattengebende Objekte, wie z.B. Beigaben verschiedener Art, darunter die auch gegenwärtig noch populären Skarabäen, leicht zu erkennen sind. Als Basisuntersuchung sind auch heute nach wie vor noch, die nicht invasiven Röntgenuntersuchungen mit der Fülle, der mit ihnen zu erzielenden Erkenntnisse, aus der paläomedizinischen Forschung nicht wegzudenken.

Außerdem sollten auf Grund spezieller Kennzeichen Rückschlüsse auf den Zeitpunkt der erfolgten Mumifizierung gezogen werden. Auch eröffneten die Aufnahmen die Möglichkeit späterer anthropometrischer Auswertung sowie nicht zuletzt und zu damaliger Zeit von besonderem Interesse die Möglichkeit, mit Hilfe angefertigter Röntgenaufnahmen Mumien zu dokumentieren und dadurch deren zweifelsfreie und jederzeit realisierbare Identifikation durchzuführen.

Im ersten Beitrag dieser Schrift informiert E. Matouschek über einige, hauptsächlich mit Tod und Mumifizierung zusammenhängende altägyptische Auffassungen, um dann über die Ergebnisse der durchgeführten Röntgenuntersuchungen zu berichten.

In einem zweiten Beitrag befassen sich D. Schwarzmann-Schafhauser und K. S. Kolta mit der Problematik des Krankheitsbegriffs in der altägyptischen Heilkunde. Ein Krankheitsbegriff, der sich durch seine Widersprüchlichkeit immer wieder modernen Deutungsversuchen entzieht. Die aufgezeigten Modelle – das magisch-religiöse und das naturalistische – können deswegen, so die Autoren, »auch nicht mehr sein als eine Annäherung an eine – letztlich immer rätselhaft und verborgen bleibende – archaische Sichtweise auf Gesundheit und Krankheit«.

Der dritte und vierte Beitrag entstammten der Feder von A. Nerlich, der nicht nur aktiv an Ausgrabungen in Ägypten beteiligt war und ist, sondern sich schon seit geraumer Zeit mit Problemen der Archäomedizin und Paläopathologie befasst. Der erste seiner Beiträge bezieht sich auf Möglichkeiten, Grenzen und neue Wege naturwissenschaftlicher Forschung in der Paläopathologie, der zweite Beitrag setzt sich mit den an einer der »Münchner Mumien« in letzter Zeit von ihm erhobenen Befunde auseinander. Diese führten nicht nur zu nicht anzuzweifelnden Diagnosen bei dieser vor Jahrtausenden lebenden Person, sondern erlauben in ihrer Vielfalt auch Rückschlüsse auf deren Leben und Lebensumstände.

Zu den in der Paläopathologie zur Anwendung kommenden Methoden, die nachhaltig auch die Öffentlichkeit beschäftigen, zählen z.B. die an historischen humanen und mikrobiellen DNA-Molekülen durchgeführten Untersuchungen sowie etwa auch die Analysen aus Mumiengewebe gewonnener Proteine. Für die Paläopathologie eröffnen sich hieraus ganz und gar neue Aspekte und Möglichkeiten. In zunehmendem Maß resultiert hieraus die Notwendigkeit noch engerer interdisziplinärer Zusammenarbeit.

E. Matouschek   Im Juli 2002

Anmerkungen zu Mumien und die Ergebnisse der Röntgenuntersuchungen

E. Matouschek

GLIEDERUNG

1. Einführung

Das große und anhaltende, gegenwärtig der Geschichte des alten Ägyptens wie den aus dieser Zeit stammenden Mumien entgegengebrachte Interesse dürfte durch die sich zur Zeit einem breiten Publikum erschließenden, durch Fernsehen und Printmedien verbreiteten einschlägigen Informationen mitbedingt sein. Zum anderen kommen durch den modernen Tourismus vermittelte Möglichkeiten persönlicher Begegnungen mit Zeugen altägyptischen Erbes hinzu. Bewusst werden könnte so manchem auch der Einfluss, den diese alte und mächtige, sich über Jahrtausende erstreckende Kultur auf das Alte Testament und somit auch auf die christliche Religion wie die Geistesgeschichte Europas genommen hat.

Auch das Verlangen mehr über die Herkunft vor Jahrtausenden lebender Menschen und deren jeweiliges Umfeld zu erfahren, spiegelt die mitunter große Aufmerksamkeit der Öffentlichkeit wieder, mit der diese den Fortgang einschlägiger Forschungsvorhaben verfolgt. Damit richtet sich das Augenmerk auch Funden zu, die die Existenz des Menschen im Laufe seiner langen Geschichte angehen. Bezogen auf älteste Zeiten betrifft dies vornehmlich Funde von Knochen bzw. Knochenfragmenten, dann von Gräbern bzw. Gräberfeldern und schließlich auch von Mumien und deren Begräbnisstätten. Letztlich reflektieren alle diese Forschungen auch etwas von dem uralten Menschheitsverlangen nach Unsterblichkeit.

Aus verschiedenen Gründen waren und sind es vornehmlich die ägyptischen Mumien, die über Jahrhunderte hinweg bis zum heutigen Tag Interesse und Phantasie der Menschen bewegen. Dieses war freilich über lange Zeiten hinweg auch geprägt von verwerflichen merkantilen Begierden, etwa der Herstellung von Papier aus Mumienbinden (sogar in den USA und Kanada), dem tausende von Mumien zum Opfer fielen. Hinzu kam die Ausbeutung von Mumien zu pharmazeutischen Zwecken. Mumien wurden zermahlen und das so entstandene Pulver (»Mumia«) zu hohen Preisen verkauft. Zu weiteren Pietät- und Geschmacklosigkeiten zählten in Europa zu dieser Zeit auch Einladungen zu Gastlichkeiten, in deren Mittelpunkt die Auswickelung einer ägyptischen Mumie »bei einem Glas Champagner« stand.

Letztlich erst mit der 1922 erfolgten Eröffnung des fast unversehrten Grabs Tutanchamuns (Regierungszeit 1333-1323 v. Chr.), des Nachfolgers Echnatons (Amenophis IV.), begann sich nicht zuletzt unter dem Eindruck der Fülle gefundener Kunstschätze die Einstellung der breiten Öffentlichkeit Mumien gegenüber grundsätzlich zu wandeln. So wurde denn, aus welchen Gründen auch immer, der Verkauf der Mumia vera Aegyptica von der Firma E. Merck in Darmstadt, noch im Februar 1924 (!) in der Grosso-Preisliste Nr. 50 zu einem Kilopreis von 12 Goldmark angeboten, eingestellt.

An dem großen, an ägyptischen Mumien gezeigtem Interesse änderten auch die in den letzten Jahrzehnten in aller Welt gemachten Mumienfunde nichts, die zum Teil noch ältere oder anthropologisch interessantere Mumien als die ägyptischen betrafen. Gemeint sind damit besonders die in der Wüste Atacama, im Grenzgebiet zwischen Chile und Peru aufgefundenen Mumien, die als die ältesten der Welt angesehen werden. Ähnlich den ägyptischen Mumien wurden auch sie vor ihrer Beisetzung aufwendigen Präparationen[1] unterzogen.

Was die vornehmlich Ende der Siebzigerjahre des 20. Jahrhunderts im Tarim-Becken in Westchina entdeckten Mumien angeht, so war es weniger deren zum Teil vorzüglicher Erhaltungszustand, der das Aufsehen der Archäologen erregte. Vielmehr ging es um deren kaukasoides Aussehen und eine Reihe anderer Merkmale, die auf deren europäische Abkunft hinwiesen.

Auch ließen vergleichende Untersuchungen zum Teil hervorragend erhaltener Kleidungsstücke eine europäische Herkunft vermuten. Dies erhärten auch vorläufige Ergebnisse bisher durchgeführter vergleichender DNA-Untersuchungen. Die aufgefunde-

---

[1] In einem vorgegebenem Ablauf wurden dem Verstorbenen Kopf und Gliedmaßen abgetrennt. Dann wurden die Körperteile enthäutet und aus den Körperhöhlen die inneren Organe entnommen. Ebenso wurde das Gehirn aus dem Schädel entfernt. Die ausgelösten Knochen wurden gereinigt und getrocknet, um daraufhin in die Gliedmaßen zurück verlagert zu werden. Diese wurden durch Holzstäbe weiter verstärkt und dem Körper angelagert. Um auch dem Rumpf inneren Halt zu geben, wurde er durch Holzstäbe verstrebt. Bestimmte Stäbe reichten dabei von den Beinen über den Rumpf bis zum Schädel. Die Körperhöhle wurde mit Gras und Asche gefüllt, der zusammengefügte Körper mit einer aus weißer Asche bestehenden Paste bestrichen. Dabei wurden kosmetische Korrekturen am Körper vorgenommen. Auch die Genitalien wurden wiederhergestellt. Abschnittsweise erfolgte dann die Rückverlagerung der Haut, wobei die Kopfhaut mitsamt den Haaren am Schädel fixiert wurde. Mit einer nahezu schwarzen, aus Magnesium hergestellten Farbe wurde die Leiche bestrichen, Gesichtszüge angemalt und der Körper bisweilen bekleidet. Die Austrocknung der Leiche als Voraussetzung der Mumifizierung geschah durch natürliche Erhitzung des Wüstensandes durch die Sonne bei tiefer Luftfeuchtigkeit.

nen Mumien werden um etwa 1000 v. Chr. datiert. Die Mumifizierung der Leichen setzte ohne spezielle Präparation auf natürlichem Weg als Folge großer Trockenheit und des erhöhten Salzgehalts des Bodens ein. Alles in allem scheint sich die spektakuläre Vermutung zu erhärten, dass sich bereits vor etwa 3000 Jahren, demnach noch lange vor Bestehen der Seidenstraßen, Europäer inmitten Chinas aufhielten.

Die Gründe für die von uns durchgeführten Röntgenuntersuchungen wurden einleitend dargelegt. Bestärkt in der Verwirklichung dieses Forschungsvorhabens wurde der 1967 an der Urologischen Universitätsklinik München tätige Autor durch die von dem Urologen J. Bitschai[2] 1956 herausgegebene »History of Urology in Egypt« und die von diesem im Verlauf serienmä-

---

[2] Der in Odessa geborene Jacob Bitschai (1894-1958), der es zu einem der angesehensten Urologen Berlins gebracht hatte, verließ 1934 aus rassischen Gründen Deutschland, um in Alexandrien 1935 als Chef der urologischen Abteilung des jüdischen Hospitals tätig zu werden. 1937 wurde ihm die gleiche Abteilung an dem neu errichtetem Fuad I. Hospital in Alexandrien anvertraut. 1944 ernannte ihn die Universität Alexandrien zum Professor. 1951 folgte die Universität Kairo mit seiner Ernennung zum Professor für klinische Urologie unter gleichzeitiger Berufung an das dortige Victoria Hospital.
Sehr beschäftigt hat Bitschai die Geschichte der Urologie, verbunden mit vielfachen Interessen an der Geschichte der Medizin des Altertums. Ausdruck fand dieses Interesse unter anderem in der oben schon erwähnten »History of Urology in Egypt«. Im Zusammenhang mit seinen systematisch an Mumien durchgeführten Röntgenuntersuchungen entdeckte er auch eine Reihe von Nierensteinen. Nachdem er eines dieser Konkremente aus einer Mumie entfernt hatte, dedizierte er es König Faruk. Dieser aber verweigerte dessen Annahme wegen seiner vermeintlichen Wertlosigkeit. 1958 verstarb Bitschai in der Schweiz an den Folgen eines metastasierenden Hypernephroms (persönliche Mitteilung von W. Leibbrand, 1966; Nekrolog v. R. Nissen 1958).

ßig an Mumien durchgeführten Röntgenuntersuchungen erzielten Erfolge. Unter Berücksichtigung dieser Gegebenheiten mag es deshalb verständlich erscheinen, wenn in dieser Arbeit dem urologischen Fachgebiet zuzuordnende Befunde eine etwas stärkere Akzentuierung erfahren.

Der Vorzug von Röntgenuntersuchungen liegt in der Möglichkeit ihrer zerstörungsfreien Anwendung und der großen Fülle mit ihnen zu erzielender Diagnosen. Es liegt freilich in der Natur der Dinge, dass davon etwa nur an Mumiengewebe selbst zu erhebende Befunde ausgeschlossen bleiben. Deshalb finden Röntgenuntersuchungen dort, wo dies angezeigt erscheint, ihre zwangsläufige Erweiterung durch die sich uns neuerdings erschließenden, zum Teil als epochal zu bezeichnenden Untersuchungsmethoden (siehe Nerlich).

Die von uns vorgenommenen Untersuchungen betrafen fünf, im Verlauf von Krieg und Nachkriegswirren teilweise erheblich beschädigte Mumien von Erwachsenen; als sechste Mumie kam die einer Frau hinzu, die aus ihren Mumienbinden bereits ausgewickelt worden war. Die siebente der Mumien war die eines Kindes.

Bezogen auf ein besseres Verständnis der jeweils angesprochenen Thematik erschien es ratsam, eine, wenn auch nur skizzenhafte und fragmentarische Darstellung einiger der im Alten Ägypten dazu vorherrschenden Auffassungen den referierten Röntgenbefunden voran zu stellen. Zur besseren Orientierung finden sich deshalb auch im Text wechselseitige Verweise auf altägyptische Auffassungen und den an den Mumien erhobenen Befunden.

Die Beurteilung der Aufnahmen geschah jeweils nach deren Durchführung. Für die mir damals in diesem Zusammenhang von P.H.K. Gray, Godalming, UK. gegebenen wertvollen Hinweise habe ich sehr zu danken (1968). Gleichfalls zu danken habe ich Herrn Prof. Dr. G. Hauer, Weilheim, für dessen Unterstützung bei der in diesem Jahr erfolgten Durchsicht der Bilder. Ebensolcher Dank gilt Herrn Dr. med. dent. G. Hermann, Weilheim, für die Erarbeitung der dentologischen Befunde.

2. Der Totenglaube der Ägypter

Ihren »Todesprojekten« opferten die alten Ägypter einen großen Teil ihrer Habe, ihrer Zeit und ihrer Anstrengungen. Dies deshalb, da der Tod für sie nur eine Übergangsphase hin zu einer neuen, unvergleichbar schöneren Existenz bedeutete. Ein nach bestimmten Regeln zu verlaufendes Leben war freilich unabdingbare Voraussetzung dazu. Wurden allerdings die Ansprüche des zu erwartenden Totengerichts (siehe im Folgenden) nicht erfüllt, entschied der Totengott Osiris gegen den Verstorbenen. Geschah dies, erlosch dessen Ba (siehe im Folgenden) und der Verstorbene erlitt seinen »zweiten Tod«. Somit resultierte aus der Vernichtung von Leib und Seele das Ende seiner Existenz.

Nach altägyptischer Anschauung bestand der Mensch aus sechs Bestandteilen: drei körperbezogenen, dem Leib, dem Namen und dem Schatten. Hinzu kamen drei unsterbliche Geisteskräfte, der Ach, der Ba und der Ka, die sich nur sehr unzureichend definieren lassen. Der Ach war eine geistige Kraft und wird dem

Bereich der Götter zugerechnet, der Ba kommt unserem Seelenbegriff am nächsten und der Ka entspricht einer Art Duplikat des Menschen, zusammen mit diesem vom Schöpfergott Chnum auf der Töpferscheibe gestaltet.

Um die »Fortdauer der Person« über den Tod hinaus zu sichern, bedurfte es, sofern ein Familiengrab nicht bestand, zunächst des Baues einer so eindrucksvollen Grabanlage, die imstande war, auch in der Zukunft das Andenken an den Erbauer und seine biographische Bedeutsamkeit wach zu halten.

Für die Ewigkeit galt es freilich außerdem noch in vielerlei Weise vorzusorgen. Zu den hohen Kosten einer Grabstätte trugen neben baulichen Ausgaben auch deren künstlerische Ausgestaltung bei. Diese bezog sich neben anderem auf Wandmalereien kultischen wie biographischen Inhalts als auch auf Statuen und Beigaben verschiedener Art. Auf Tafeln, Wänden und dem Sarg angebrachte Texte[3] sollten dem Toten helfen, sich in seiner neuen Umwelt richtig zu verhalten. Auch hatte die Grabkammer al-

---

[3] Interessant unter den an Sargdeckeln und später auch an den Decken der Königsgräber verzeichneten Texten sind die dort dargestellten Listen der 36 Dekaden von je 10 Tagen, in die sich das Jahr aufteilen lässt. Diese Listen bestehen seit etwa 2100 v. Chr. Jede der 12 Nachtstunden dieser Dekaden wird mit einem »Dekan« verbunden, womit die Sterne bzw. Sternkonstellationen gemeint sind, die jeweils bei Anbruch jeder Stunde aufgehen. Daraus ergibt sich eine Art von Sternuhr, die auf der Beobachtung des Aufgangs der in den Listen verzeichneten, den Stunden zugehörigen Sternen bzw. Sterngruppen basiert. Ob die Darstellung der Listen an Sargdeckeln und an den Decken der Gräber mehr der Ausschmückung diente oder der zeitlichen Orientierung in der Nacht, sei dahingestellt. Die Kompliziertheit des geschilderten Systems soll hier keine weitere Erörterung finden.

les zu enthalten, was für ein Weiterleben nützlich und vorteilhaft erschien, »wohnte« doch der Tote im Gegensatz zum königlichen Toten, der in den Himmel aufsteigt, in seinem Grab. Dazu kamen noch Ausgaben für den Sarkophag und weitere Vorsorgekosten, die die Erhaltung der Grabanlage, aber auch die Bezahlung künftig erforderlicher kultischer Handlungen usw. betrafen.

Viel konnte demnach ein Ägypter von seinen Einkünften für sich und den Unterhalt für seine Familie, eventuell auch den Bau eines eigenen Heims, kaum erübrigt haben. Deshalb auch reichte die Ausstattung der eigenen Wohnstätte kaum an die der Grabstätte heran.

Die Bestattung weniger bemittelter Personen konnte in Nekropolen oder auch einfach gestalteten Gräbern erfolgen.

Die Jenseitsvorstellungen der alten Ägypter variieren etwas im Laufe der Jahrtausende, ohne aber von der eschatologischen Grundkonstante eines Weiterlebens nach dem Tode (in einer Unterwelt) abzuweichen.

Um 2347 v. Chr., am Ende der 5. Dynastie, tauchen in Kammern von fünf Pyramiden eingraviert, so genannte Pyramidentexte (Jenseitstexte) auf, deren Wurzeln weit in die Vergangenheit reichen. Vorherrschend ist anfänglich eine stellare Konzeption, wonach die Seelen unter Zurücklassung der ihnen zugehörigen Körper auf der Erde zu den Sternen eines über der Erde und unter ihr sich ausdehnenden Himmelsgewölbes gelangen. Eine Veränderung dieser Glaubensinhalte ergab sich ab der 6. Dynastie unter osirianischem Einfluss (siehe im Folgenden).

Im Mittleren Reich, in die erste Zwischenzeit zurückreichend, entwickelten sich um die 11. Dynastie um 2000 v. Chr. so genannte Sargtexte, das sind auf die Sargwände aufgetragene Sprüche, dem Schutze der Leiche und Seele des Toten dienend und die Vorstellungswelt des Totenglaubens der damaligen Zeit reflektierend. Insgesamt bilden sie die Vorstufen zu dem späteren Totenbuch.

Etwa in der 18. Dynastie ging man dazu über, die Totentexte auf Papyrusrollen aufzuzeichnen und diese als Totenbuch zu benennen. Auch dieses diente dem Schutze des Toten und dort festgehaltene Hymnen an die Götter sollten ihnen deren Huld erhalten. Erst Mitte des 19. Jahrhunderts n. Chr. wurde in deutscher Sprache ein in Turin befindlicher, auf das Mittlere Reich zurückreichender Papyrus von 165 Sprüchen publiziert und ihm die bis heute gültige Bezeichnung Totenbuch[4] gegeben.

Zu den bekanntesten Sprüchen des Totenbuchs zählt dessen 125. Kapitel, das die für das Totengericht (siehe im Folgenden) maßgebliche »Versicherung der Sündenlosigkeit« beinhaltet (»negative Konfession« bzw. negatives Sünden-(Schuld-)bekenntnis; siehe im Folgenden).

---

[4] König Ludwig I. von Bayern erwarb zusammen mit der Sammlung des ehem. Konsul Dodwell in Rom auch ein »Totenbuch«, das 1865 in den »Münchner Aegyptiaca« erwähnt ist. Es ist »in hieratischer Schrift von dem Charakter der Ptolemäerperiode sorgfältig geschrieben.« Es verdiene sowohl als Literatur- wie als Kunstwerk die höchste Beachtung.

2.1. Der Ewigkeitsglaube der Ägypter nach Herodot[5]

Mit dem weiter vorne geschilderten Ewigkeitsglauben der Ägypter nicht in Übereinstimmung zu bringen ist der von Herodot geschilderte Glaube der Ägypter an eine Seelenwanderung. So hätten die Ägypter, und zwar als erste, »... die Behauptung ausgesprochen, dass des Menschen Lebensseele unsterblich sei; vergehe aber der Leib, gehe sie in ein anderes Lebewesen, das gerade entsteht; wenn sie aber ihren Durchgang vollendet habe durch all die Wesen des Festlands und des Meeres und der Luft, trete sie wieder ein in den Leib eines Menschen, der gerade geboren werde, es währe aber dreitausend Jahre, bis sie ihre Wanderung abgeschlossen habe ...« (II. S. 123).

Wolle man den »konventionellen« Totenglauben samt Totengericht mit dem Glauben an eine Seelenwanderung in Einklang bringen, so sei dies nur als Folge eines Spruchs des Osiris (siehe im Folgenden) zu denken. Soweit eine der diesbezüglichen Mutmaßungen.

---

[5] Herodotos aus Halikarnassos (im Südwesten Kleinasiens), karischer Herkunft, lebte von ca. 485 bis ca. 425 v. Chr. Später wurde er als »Vater der Geschichte« bezeichnet. Im II. Band seiner berühmt gewordenen »Historien« schildert er seine im Verlauf einer Ägyptenreise mit Land und Leuten gemachten Erfahrungen.

3. Das Totengericht

Vom Alten Reich an hatte das Totengericht für den Verstorbenen und dessen künftiges Leben im Jenseits entscheidende Bedeutung. Im Laufe der Jahrtausende wandelten sich allerdings dessen Formalien (siehe im Folgenden). Die größte der auf ein Weiterleben nach dem Tode bezogenen Unwägbarkeiten bestand in früher Zeit für den Verstorbenen in einer ihrem Inhalt nach nicht zu kalkulierenden Anklageerhebung, zumal sich jedermann an dieser beteiligen konnte. Gänzlich unvorausschaubar und damit unter Umständen schwer zu entkräften, waren die von dämonischen oder göttlichen Anklägern vorgebrachten Anschuldigungen. Weitere dieser Verfahrensordnung innewohnende Unsicherheiten ergaben sich aus dem Unvermögen der Beurteilbarkeit der die Totenrichter verpflichtenden moralischen Normen, die diese als Voraussetzung für ein in sittlicher Reinheit geführtes Leben ansahen.

Im Mittleren Reich prägt der Osiris[6]-Glaube den Totenkult. Dem Mensch ist es nun gegeben, durch einen rituellen Nach-

---

[6] Osiris gilt als Sohn des Erdgottes Geb und dessen Schwester und Gattin Nut. Im Verlauf der 5. Dynastie steht Osiris im Mittelpunkt des Totenglaubens, wonach zunächst jeder König, ab etwa 2000 v. Chr. jeder Tote zu einem Osiris wird. Unbeschadet dessen unterliegen alle seinem, des Gottes Osiris, im Verlauf des Totengerichtes gefälltem Urteil.
Die Mythen um den Tod von Osiris sind vielfältig. Häufig findet die Version Beachtung, die über die Ermordung des Osiris und die Zerstückelung seiner Leiche durch dessen Bruder Seth berichtet. Die vierzehn von Seth im ganzen Land verstreuten Leichenteile werden von Isis, seiner Schwester und Gemahlin, gesammelt und zusammengefügt (Anubis; siehe im Folgenden). Nach Plutarch's Version über Isis und Osiris konnte Isis von allen Teilen des Osiris allein

vollzug des Osiris-Schicksals, vor allem aber durch Rechtfertigung, im Jenseits Erlösung vom Tod zum Leben hin zu erlangen. Die Rechtfertigung bezieht sich dabei auch gegenüber einem göttlichen Ankläger, der die Sündenlosigkeit des Toten zu bestätigen hat.

Bedeutung bekommt nun auch die chthonische Unterwelt des Osiris, wobei es dem Toten obliegt, eine Jenseitsreise anzutreten, die er nur in Kenntnis der Totenliteratur (Sargtexte) zu bestehen vermag. Es sind eine Reihe von Gefahren zu überwinden, um schließlich auch mit Hilfe des eigenen Wissens, den die osirianische Unterwelt bewachenden Ungeheuern zu entgehen.

Neue Aspekte kommen wahrscheinlich etwa in der Zeit zwischen 1919 und 1837 v. Chr. hinzu, die sich auf die Vorstellung einer Regeneration bezieht (Sonnenlauf; mitternächtliche Vereinigung von Re und Osiris). Mit Hilfe seiner unsterblichen Seele gelingt dem Toten der Übergang in die jenseitige Gottesnähe, wobei es ihm aber weiter obliegt, in seiner Mumie zu wohnen.

---

das Schamglied nicht finden. Es war in den Nil geworfen und dort von dem Fisch Lepidotus gefressen worden. Isis fertigte stattdessen eine Nachbildung an und weihte den Phallus, den die Ägypter verehrten (siehe im Folgenden; z.B. Osirianische Phalluskulte).

Während der Klagen von Isis und Nephthys erwacht Osiris magischen Kräften folgend, womit er auch die Fähigkeit der Zeugung erlangt. So kommt dessen Mumie denn auch auf verschiedenen Bildern ithyphallisch zur Darstellung. Isis empfängt von ihm den Sohn Horus, der seinen Vater zusammen mit Thot und den Horuskindern an Seth rächt. Horus folgt seinem Vater im weltlichem Königtum nach, während Osiris im Totenreich herrscht (siehe im Folgenden).

Im Neuen Reich und in der Spätzeit beseitigte die Kodifizierung des 125. Kapitels des Totenbuchs die früher mit der Todeserlösung durch Rechtfertigung verbundenen Widrigkeiten (vergleiche vorne). Dieses sich auf Moralvorstellungen stützende Totengericht erreichte erst im Neuen Reich seine volle Ausprägung. Es entschied über die Rechtfertigung jedes Einzelnen, d.h. das frei sein von Schuld, denn nur ein gereinigter Mensch konnte das Totengericht unbeschadet überstehen. Dabei bestimmten dessen Taten im Diesseits entscheidend dessen Schicksal im Jenseits.

Das im Kapitel 125 geregelte »negative Sündenbekenntnis« sollte dazu beitragen, die Bewertung der Lebensführung des Toten zu erleichtern. Dieses »negative Sündenbekenntnis« beinhaltet die Auflistung bestimmter sündiger Taten, wobei es dem Toten obliegt, wahrheitsgemäß Auskunft dahingehend zu geben, dass er diese im Laufe seines Lebens *nicht* begangen hat. (z.B. »Ich habe kein Unrecht gegen Menschen begangen, ich habe keine Tiere misshandelt, ich habe keine Unzucht getrieben ...« usw.).

Im Verlauf der Prüfung wird das Herz des Toten dann gegen die Maat (Göttin der Weisheit; Göttin der Gerechtigkeit und der Weltordnung; Tochter des Sonnengottes Re) gewogen, wobei sich mit jeder unwahren Aussage die Waagschale zuungunsten des Toten immer tiefer neigt.

Die Richtigkeit dieses Vorgangs überwacht der schakalköpfige Gott Anubis. Die manchmal auf einer der Waagschalen zu sehende und gegen die Verfehlungen des Toten aufgewogene Feder symbolisiert die sonst als Frau mit einer Feder auf dem Kopf dargestellte Maat. Wurde das Herz des Toten als zu belastet be-

funden, wurde es von einem Untier, der so genannten Totenfres-
serin (diese hat das Vorderteil eines Krokodils, den Rumpf eines
Löwen und das Hinterteil eines Nilpferdes) verschluckt. Der einen Ibiskopf tragende Gott Thot verfolgt das ganze Verfahren,
über das er Osiris, dem obersten Richter, Bericht erstattet. Vor
diesem haben sich alle zu rechtfertigen.

In der Unterwelt verkörpert Osiris nahezu die Befugnisse des
Sonnengottes Re. Osiris nimmt im Verlauf des Totengerichts
unter einem Baldachin, Isis und Nephthys zu seinen Seiten sit-
zend, zusammen mit 42, vor ihm platzierten Beisitzern an dem
Verfahren teil. Manchmal leitet auch Re die Versammlung.

Zeitlich gesehen, so meinte man, seien die Totengerichte zwischen dem Tod und der Beisetzung einzuordnen.

Das 125. Kapitel des Totenbuchs gibt überdies durch die dort
aufgelisteten Sünden guten Einblick in die bei den Ägyptern damals vorherrschende Ethik (vergleiche z.B. »Lebenslehren«).

In der Folgezeit kommt es zu einer fortschreitenden Verdiesssei-
tigung des Totenglaubens, die in der Amarnazeit ihren Höhepunkt erreicht. Erst zur Ramessidenzeit setzt erneut eine Verjen-
seitigung des Glaubens ein. In der 3. Zwischenzeit und der
Spätzeit greift schließlich eine ausgeprägte Jenseitsskepsis um
sich.

3.1. Das Totengericht nach der Schilderung Diodor's[7]

Im Gegensatz zu dem geschilderten Totengericht berichtet Diodor I,92,1-6 von einem schon im Diesseits abgehaltenen Gerichtsverfahren. Dieses findet am Begräbnistag statt.

»2) Wenn sich dann 40 + 2 Richter zusammengefunden und auf einem eigens dazu aufgestellten halbkreisförmigen Gerüste Platz genommen haben, wird der von eigens dazu bestimmten Leuten vorher hergerichtete Kahn ins Wasser gelassen. Auf ihm steht der Fährmann, den die Ägypter in ihrer Sprache Charon nennen. 3) Deshalb soll auch Orpheus erst nachdem er einst auf seiner Reise nach Ägypten gekommen war und diesen Brauch sah, seine Erzählung vom Hades erdichtet haben …

4) Ist nun der Kahn zu Wasser gelassen, so erlaubt es der Brauch, ehe der Sarg mit dem Toten auf ihn gebracht wird, jedem, der den Toten anzuklagen hat, dies zu tun … . 5) Falls aber nun ein Kläger nicht auftritt, oder ein Verleumder als solcher erkannt wird, so legen die Angehörigen ihre Trauer ab und preisen den

---

[7] Diodoros Siculus, geboren in Agyrion (Ostsizilien), lebte im 1. Jahrhundert v. Ch., z.Z. Cäsars in Rom. Während dieses Zeitraums schrieb er seine 40-bändige »Griechische Weltgeschichte«, von der nur die Bände 1-5 und 11-20 vollständig erhalten sind. Als Autor wird er heute günstiger beurteilt als früher. Trotzdem besteht weiterhin Skepsis bezogen auf die Zuverlässigkeit seiner Aussagen, die in Abhängigkeit gesehen werden von der Qualität der ihm jeweils zugänglichen Vorlagen, sofern sich seine Angaben nicht auf persönlichen Augenschein beziehen. So unterscheidet sich die Darstellung Ägyptens durch Herodot von der Diodors, der sich mehr an griechischen Quellen orientierte, teilweise doch recht deutlich.

Verstorbenen. Hierbei fällt etwa über seine Abstammung, anders als bei den Griechen, kein Wort, denn die Bewohner Ägyptens glauben, alle gleichmäßig von edler Herkunft zu sein ... . Hieran schließen sich auf den Toten gehaltene Laudationes an. Danach verbringen die Angehörigen den Toten in das für ihn vorgesehene Grab bzw. in einen, im eigenen Haus dafür vorgesehenen Raum, um dort den Sarg an eine fest stehende Wand zu stellen. Letzteres trifft auch für diejenigen Toten zu, die nicht begraben werden dürfen. 6) ... Und oftmals werden sie erst durch Kindeskinder, die es zu guten Verhältnissen gebracht haben, von Schuld oder Anklage erlöst und einer prächtigen Bestattung für würdig befunden.«

3.2. Das Totengericht nach der Schilderung von Tott's

Aus der Retrospektive gesehen bestätigt von Tott im Anhang zum vierten Abschnitt von Abdallatif's Werk in seinen Schilderungen – wenn auch etwas modifiziert – die Darstellung des Totengerichts durch Diodor. So schreibt er dazu (S. 265):

»Wenn nämlich die Leiche des Verstorbenen zur Beerdigung zubereitet war, so wurde der Tag bekannt gemacht, an welchem die Leiche nach hergebrachter Ceremonie über den Fluß gebracht und begraben oder beigesetzt werden sollte. An diesem Tag gieng alsdenn die Ceremonie des letzten Todtengerichtes vor sich. Vierzig Richter versammelten sich zu einem Consessus, bei dem berühmten See Möris. (Der heutige Karunsee/Faijum ist der durch Austrocknung verkleinerte Mörissee – Anm. d. Verf.) Nachdem nun das Schiff, dessen Steuermann Charon hieß, an das Ufer gezogen war, so stund, ehe der Sarg mit der Leiche in dasselbe gebracht wurde, einem jeden Anwesenden frei, den Verstorbenen anzuklagen. Wurde nun befunden, dass der Verstorbene ein übles Leben geführt, so ward demselben das Begräbnis versagt, und der Körper in ein Loch geworfen, das man Tartarus (der griechischen Mythologie entlehnt: Ein Abgrund, in die Zeus seine Feinde warf – Anm. d. Verf.) nannte. ...«

Wurde der Tote aber für unschuldig befunden, begann man den Ruhm des Verstorbenen zu verkünden. Reichlich spendete das Publikum Beifall.

»... Sodann wurde die Leiche von dem gedachten Charon in dem Schiffe oder Kahn über den See gesezt und nach dem Orte ge-bracht, wo dieselbe beigesezt oder begraben werden sollte (S. 266). Viele Egyptier behielten ihre Todten bei sich im Hause über der Erde in prächtigen Gemächern und Sälen, wodurch sie das Vergnügen genossen, die Bildungen ihrer Vorfahren, die viele Menschenalter vor ihrer Geburt gestorben waren, zu sehen, und bei ihren Gastmalen den gedörrten Körper eines ihrer Freunde als einen Gast herbeizuführen ...

Die Gräber, worinne die Egyptier die Leiber der Verstorbenen beisezten, waren nach ihrem Stande auf verschiedene Art erbauet. Der Könige ihre waren über alle Bewunderung prächtig. Denn das Volk verwendete überhaupt mehr auf die Grabstätten, welche sie ihre ewigen Wohnungen nannten, als auf ihre Häuser und Palläste, die sie blos als Herbergen betrachteten. Leute von geringerem Stande wurden mehrentheils in Grüften oder Schlafstätten beigesetzt, die in den Fels gehauen waren. Solche finden sich z.B. noch in den lybischen Wüsten. Sie heißen Katakomben oder Mumienbrunnen, und man steigt durch eine Oeffnung von vier Fuß hinein. Sie sind zum wenigsten sechs Mann tief, und unten auf dem Boden ist ein langer Gang, der zu verschiedenen Gemächern führt, in deren Mitten die Mumien auf Bänken liegen, die in den Fels gehauen sind. ...«

4. Die Mumifizierung

Als wichtigste Voraussetzung für das Weiterleben nach dem Tode galt seit ältester Zeit die materielle Erhaltung des Leibes[8]. Deshalb kam der Mumifizierung des Verstorbenen zentrale Bedeutung zu. Für die Ägypter galt der mumifizierte Körper nicht als eigentlich tot, vielmehr maßen sie ihm als später tätig werdendem Gefolgsmann der Götter latente Lebenskraft zu. Aus ihm heraus erfolgt die Wiedergeburt und eröffnet die Rückkehr in den mumifizierten Leib.

---

[8] Zwei Einbalsamierungen von Juden finden im Alten Testament Erwähnung. Diese betreffen Jakob (Israel) und Joseph. Unter Gen. 50,2 heißt es: »Dann befahl Joseph seinen Dienern, den Ärzten, seinen Vater einzubalsamieren; und die Ärzte balsamierten Israel ein. 3 Darüber vergingen volle vierzig Tage; denn so lange währt das Einbalsamieren. Und die Ägypter beweinten ihn siebzig Tage lang. Und unter 50,5 steht geschrieben: »Mein Vater hat einen Eid von mir genommen und gesagt: ›Wenn ich nun sterbe, so begrabe mich in meiner Gruft, die ich mir im Lande Kanaan gegraben habe‹. Unter Gen. 50, 25 und 26 ist des Weiteren zu lesen: Und Joseph nahm einen Eid von den Söhnen Israels und sprach: Wenn sich Gott euer annehmen wird, so führet meine Gebeine von hier mit hinauf. 26 Darnach starb Joseph, 110 Jahre alt; und man balsamierte ihn ein und legte ihn in Ägypten in einen Sarg.« Die Balsamierungen geschahen sicherlich in der Absicht, die Leichen während des langen Transports von Ägypten nach Kanaan vor Verwesung zu bewahren.

Als Mumien werden durch natürliche Austrocknung bzw. entsprechende artifizielle Maßnahmen (z.B. Natron) behandelte Leichname bezeichnet, die auf diese Weise vor einsetzender Verwesung bzw. Fäulnis geschützt werden sollen.

Das Wort Mumie leitet sich von der arabischen Bezeichnung »mumiya«, was Bitumen (persischer Bergteer) bedeutet, ab. Irrig wäre es, Bitumen in einen, die Mumifizierung dominierenden Zusammenhang zu bringen (siehe im Folgenden).

Die ersten sicheren Zeichen einer Mumifizierung stammen aus der Thinitenzeit. Schon im Alten Reich wurden durch eine Inzision im Bereich der linken Flanke die »Eingeweide« (Begriffserläuterung siehe im Folgenden, Abschnitt 4.1.) entnommen und so die Resultate der Mumifizierung verbessert.

Im mittleren Reich, in dessen Verlauf die Mumifizierung immer größere Beachtung fand, wurde an der Entwicklung der Mumifizierung ebenso gearbeitet wie im Neuen Reich, in dessen Verlauf sie ihre Perfektionierung erreichte.

Als »Erfinder« der Mumifizierung galt der Gott Anubis. Dem Osirismythos nach schickte ihn Re zu Osiris, um an ihm die Mumifizierung und den Totenkult durchzuführen. Dargestellt wird Anubis als schwarzer Hund oder als Mann mit schwarzem Hundekopf. Man vermutet, die schwarze Farbe als Farbe der Wiedergeburt könne Bezug haben zum Schwarz des Bitumens.

Die Mumifizierungen dauerten 70 Tage[9]. Davon entfielen etwa 40 Tage auf den »technischen« Teil ihrer Durchführung, der Rest der Zeit auf sakrale Handlungen.

⁹ Die Festlegung eines Zeitraum von 70 Tagen für die Einbalsamierung dürfte kaum willkürlich erfolgt sein. Möglicherweise entspricht sie einer 70-tägigen Periode der Unsichtbarkeit der Sothis (Sirius, Hundsstern) am Sternenhimmel, die mit ihrem heliakischem Aufgang am Himmel endet.

Da zu den Unsicherheiten Jahrtausende zurückliegender Daten auch noch Unsicherheiten mit der damals im Alten Ägypten üblichen Zeitrechnung kommen, sollen im Zusammenhang mit der Erwähnung der Sothisperiode einige wenige Bemerkungen hinzu gefügt sein.

Der Zeitpunkt des oben erwähnten heliakischen Aufgangs der Sothis ist etwa die Zeit (15.Juni oder 19.Juli), zu der der Anstieg des Nils einsetzt. Für das bäuerliche, dem Nil verhaftete Volk bedeutete dies den Jahresbeginn. Auch ohne astronomische Kenntnisse wurde die für sie nicht unbekannte Sothis als Fixstern mit bloßem Auge am Himmel erkannt. Mit dem Sothis-Aufgang fing jeweils auch das neue, astronomische Jahr mit einer Dauer von 365 $\frac{1}{4}$ Tagen an. Das bürgerliche Jahr betrug demgegenüber freilich weiterhin nur 365 Tage. Demnach führte dieses zwangsläufig zu einer Verschiebung von Daten, weshalb es auch als »Wandeljahr« bezeichnet worden war. So verspätete sich unter Zugrundelegung des bürgerlichen Kalenders z.B. der offizielle Jahresbeginn alle vier Jahre um einen Tag.

Der schon 238 v. Chr. von Pharao Ptolemaios III Euergetes gemachte Vorschlag, alle vier Jahre dem Jahr einen Tag anzufügen, ließ sich erst im Jahr 29 v. Chr. unter römischer Herrschaft von Augustus durchsetzen. Mithin betrug eine Sothisperiode 1456 Jahre, so dass dadurch auch die beiden Neujahr, das astronomische und bürgerliche, alle 1456 Jahre zusammen fielen (Apokatastasis). Da nach Censorius 139 n. Chr. eine neue Sothis-Periode begann, müsste dies auch für die Jahre 1317 (Ende der 18. Dynastie), 2773 (Ende der Thinitenzeit und Beginn des Alten Reiches), und 4229 zugetroffen haben (Theon von Alexandria berechnete frühere Apokatastasen für 1321, 2781, 4241 v. Chr.). Zumal der Gebrauch eines Kalenders schon während des 19. Jahrhunderts v. Chr. nachweisbar war, wird er möglicherweise im Zusammenhang mit dem Jahr 2773 v. Chr., vermutlich im Verlauf der 2. Dynastie, eingeführt worden sein. Alle Daten vor 2000 v. Chr. dürften deshalb nur als approximative Zeitangaben gelten. Bleibt allerdings hinzuzufügen, dass sich auch nach der augustinischen Reform die Tempelpriester noch lange an den alten Kalender hielten und sich deshalb auch die auf ägyptischen Denkmälern und Urkunden eingetragenen Daten weiter auf den alten Kalender beziehen. Als Schöpfer des Kalenders und Gott der Zeitrechnung gilt der Mondgott Thot (dargestellt als Ibis oder als Mann mit Ibiskopf oder als Pavian; gr. Hermes). Einer Legende nach

Durchgeführt wurde der »technische« Part der Mumifizierungen von Leuten »... *die sich zu diesem Zweck niedergelassen haben und diese Kunst als erblichen Besitz ausüben*« (siehe im Folgenden). Es spricht viel dafür, dass die Balsamierungen[10] im Freien und wahrscheinlich auch in der Nähe von Gewässern stattfanden, da notwendige (auch rituelle) Waschungen einen hohen Wasserverbrauch erforderten.

Vordringlich kam es darauf an, mit den Mumifizierungen bald nach dem eingetretenen Tod des Menschen zu beginnen. Es geschah dies, um der Leichenzersetzung zuvor zu kommen, die durch die in Ägypten vorherrschenden hohen Temperaturen begünstigt wurde.

Es ging mithin darum, der durch Aerobier (Bakterien) verursachten Fäulnis entgegen zu wirken und einen, im allgemeinen im Anschluss daran beginnenden, durch oxidativ-bakterielle Zersetzung bedingten, zundrigen Zerfall von Körpergeweben, also die Verwesung, zu verhindern. Entgegen zu wirken war

---

belegte Re die Himmelsgöttin Nut, die sich mit Geb, dem Erdgott vereint hatte, mit einem Zauber, wonach sie zu keiner Zeit des Jahres niederkommen konnte. Thot wollte Nut helfen und würfelte deshalb mit dem Mond und gewann so von jedem Tag des Jahres eine kleine Spanne Zeit. Diese fügte er zu insgesamt fünf Tagen zusammen, die er den 365 Tagen des alten Jahres anfügte. Gehörig nützte jetzt Nut die ihr geschenkte Zeit und gebar für jeden dieser Tage ein Kind, derer also fünf: Osiris, Haroeris (Horus), Seth, Isis und Nephthys.

---

[10] Das Wort Balsamierung leitet sich von der Bezeichnung »Mekkabalsam« in der Annahme ab, dieser sei bedeutsam für die Mumifizierung gewesen. Gewonnen wird »Mekkabalsam« aus der auch in Ägypten heimischen Pflanze Balsamodendron Gileadense. Der austretende bzw. aus der Pflanze gewonnene Saft verharzt allmählich.

auch einer Autolyse (Selbstverdauung) absterbender oder abgestorbener Zellen, die durch frei werdende Enzyme (Proteasen) – demnach ohne Mitwirkung von Bakterien – verursacht wird.

4.1. Die technische Durchführung der Mumifizierung

Der wt-Priester begleitete die Einbalsamierung durch Rezitationen ritueller Texte. Ihm beigegeben sind Taricheuten, die sich im Wesentlichen mit der technischen Durchführung der Mumifizierung befassen und Ansehen schon dadurch genießen, dass sie in Beziehung gebracht werden mit Horus und Schesmu, die bei der Mumifizierung von Osiris mitgewirkt haben.

Nur den Paraschisten (»Aufschneider«) wurde Achtung nicht zuteil; denn ihnen oblag es, zu Beginn der Einbalsamierung den für die Organentnahme notwendigen Einschnitt im linken Unterbauch durchzuführen. Dieser aber wurde als Verletzung der Integrität eines Menschen angesehen, die damals als schweres Vergehen empfunden wurde (siehe im Folgenden).

Nach Entnahme der »Eingeweide« konnte die Wunde dann mit Hilfe von Leinentupfern oder auch Auflagen versorgt, möglicherweise auch durch Nähte verschlossen worden sein. Im Neuen Reich wurden zum Teil, vielleicht mit einem Udjat-Auge[11] verzierte Platten aus Wachs oder Gold der Wunde aufgelegt.

---

[11] Auge des Horus, als Symbol im Zusammenhang mit einem Falkenkopf (das Heile, Gesundheit usw.). Auch in zahlreichen Gräbern dargestellt. Der Überlieferung nach reißt Seth im Kampf dem Horus ein Auge aus, während Horus Seth im gleichen Kampf entmannt. Später bekommt Horus sein Auge zurück (siehe im Folgenden; Osiris). Seth wird besiegt.

Die erwähnten Taricheuten könnten auf Grund ihrer Tätigkeit über gewisse medizinische bzw. anatomische Kenntnisse verfügt haben, allerdings nur über solche, die in direktem Zusammenhang mit der ihnen obliegenden Arbeit standen. Taricheuten schlossen sich in Gilden zusammen und unterlagen einer bestimmten Rechtsordnung. Taricheutinnen gab es offensichtlich auch. Welche Aufgaben diesen oblagen, bleibt unklar.

Schon früh wurden Überlegungen angestellt, die die Entfernung des Gehirns bei Mumien durch die Nase betrafen und darüber, in welcher Weise die Exenteration der »Eingeweide« durch den nur etwa 20 cm großen Schnitt im Bereich des linken Unterbauches erfolgte.

Die der Entfernung des Gehirns dienenden Originalinstrumente bestanden entgegen den Angaben von Herodot nicht aus Eisen, sondern Kupfer. Diese haben eine Länge von 30 - 35 cm, sind alle vierkantig und am unteren Ende abgestumpft. Unterschieden wird zwischen so genannten »offenen« und »aufgerollten« Haken.

Bei den Leichenversuchen in der Leipziger Anatomie 1908 bestanden keine Schwierigkeiten, nach Einführen des dafür vorgesehenen Instruments in die Nase die Siebbeinplatte an der vorderen Schädelgrube durchzustoßen. Keine Probleme bereitete auch die Überwindung der Lamina perpendicularis und die Zerstörung der oberen und unteren Nasenmuschel. Mühelos gelang auch die Durchtrennung der derbfasrigen äußeren Hirnhaut und anderer derber Membranteile. Danach gelangte der Haken in das Gehirn.

Nun wäre es falsch, sich vorzustellen, das zu entfernende Gehirn habe eine Konsistenz, wie uns diese z.B. vom Metzger her bekannt ist, und die es erlaubt, das Gehirn etwa scheibchenweise mit dem Haken aus dem Schädel über die Nase herauszuholen.

Vielmehr kommt es, insbesondere bei den hohen, in Ägypten vorherrschenden Temperaturen, schon sehr bald zu einer Erweichung bzw. Verflüssigung des Gehirns.

Diese setzte auch in Leipzig trotz der dort niedrigeren Temperaturen sehr bald ein, so dass bei der auf dem Bauch liegenden Leiche nach vorherigem »Umrühren« des aufgelösten Gehirns mit dem Häkchen »... unter leichtem Nachhelfen mit dem Haken oder seinem Stielende in 15-20 Minuten das Gehirn so gut wie völlig aus(lief), wie wir ... uns nachträglich bei der Eröffnung der Schädelhöhlen in einer ganzen Reihe von Fällen überzeugen konnten ... Das Ausstopfen der Schädelhöhle (vergleiche vorne) mit Gazestreifen oder anderen Lappen gelang leicht, ... besonders wenn wir das untere stumpfe Ende des Hakenstiels dazu benutzten« (Sudhoff, S. 166).

Das Auslaufen des Gehirns konnte auch über das Foramen magnum, das große Hinterhauptloch, erfolgen. Soweit man weiß, wurde einmal auch der Versuch unternommen, das Gehirn über eine Bohrung durch die Oberkieferhöhle zu entleeren, wobei allerdings die äußere Augenhöhle beschädigt worden war.

Nach der Entfernung des Gehirns z.B., konnten erhitzte und dadurch verflüssigte Gemische von Koniferenharzen, aromatisierten Pflanzenölen und Bienenwachs in den Hirnschädel eingefüllt worden sein, wo diese dann erstarrten. Je nach Lagerung des Kopfes sind die verfestigten Flüssigkeitsspiegel auf Röntgenaufnahmen gut zu erkennen (siehe im Folgenden; Abb. R6/1 und R7/2). Mitunter wurde anstelle von Harzen auch Leinen in das Schädelinnere eingeführt.

Da zu der Art der Durchführung der Exenteration der »Eingeweide« zu denen auch die Lungen, die Nieren, die Harnblase, Gebärmutter, Eileiter und Ovarien zählten, sowohl bei Herodot als auch Diodor nähere Angaben fehlen, haben englische wie deutsche Forscher diesbezügliche Überlegungen angestellt.

Herodot und Diodor beschrieben in ihren Berichten freilich schon den Zugangsweg in den Bauchraum. Dieser entspricht einer im Bereich des linken Unterbauchs gelegen, etwa senkrecht zwischen dem Rippenbogen und dem oberen vorderen Darmbeinstachel geführten Inzision.

Anwendung fanden dazu Messer aus geschliffenem »äthiopischen Stein«, möglicherweise aus schwarzem Obsidian, wahrscheinlicher aber aus dem häufiger vorkommenden Feuerstein. Dass nicht Bronzemesser verwendet wurden, mag sich aus der sehr langen kultischen Tradition dieses Eingriffs erklären.

Nach Eröffnung des Bauchraums ging der Paraschist mit seiner rechten Hand und dem Vorderarm in den Bauchraum ein und entfernte den Darm, die Nieren und die Harnblase. Hinzu kamen bei Frauen noch die Gebärmutter mit den Eileitern und Eierstöcken. Die Harnblase wurde an Mumien später aber trotzdem noch und etwas häufiger als die Nieren angetroffen. Offensichtlich erst nach Durchführung dieser Prozedur drang der Paraschist durch das Zwerchfell in den Brustraum vor, um beide Lungenflügel und die großen Gefäße zu entnehmen. Eine andere, dem Autor plausiblere Spezifikation der entnommenen »Eingeweide«, nannte Lunge, Magen, Leber, Milz, Gedärme und bei Frauen auch Gebärmutter, Eileiter und Eierstöcke, während die Harnblase und die Nieren im Körper verblieben.

Die Exenteration stellte an den Einbalsamierer schon insofern besondere Anforderungen, als der durchzuführende Eingriff ja ohne Sicht des Auges, nur dem Gefühl nach mit den Fingern der rechten Hand durchzuführen war. Dabei kam es darauf an, das jeweilige Organ unverletzt aus seiner rigiden »Befestigung« im Körper und eventuell anderen, schon zu Lebzeiten aufgetretenen Verwachsungen zu lösen, um es dann zu entfernen. Trotz allen Bemühens wird dies oft genug nur durch »Herausreißen« zu bewerkstelligen gewesen sein. Deshalb und um dem Paraschisten ein einigermaßen ordentliches Arbeiten zu ermöglichen, wird es notwendig geworden sein, dazu ein geeignetes Schneidinstrument zu entwickeln.

So wurde an Mumien denn auch festgestellt, dass z.B. Luftröhre und Aorta, wie wahrscheinlich das Zwerchfell auch, mit Hilfe eines Schneidinstruments durchtrennt worden waren. Dies trifft offensichtlich ebenfalls für die Entfernung der weiblichen Geschlechtsorgane zu, obwohl die weiblichen Leichen ja meist einige Tage später als die der Männer, also im Zustand bereits eingetretener Fäulnis, zu den Paraschisten gebracht worden waren. Trotz erheblichen Zuges gelang es im Verlauf der Exenteration aber trotzdem nicht, die (durch die Fäulnis) vermeintlich schon »morschen« Genitalien auf diese Weise zu entfernen (d.h. »herauszureißen«).

Wurde mit einem Messer gearbeitet, konnten aus dessen »blinder« Anwendung in der Tiefe des Beckens »Nebenverletzungen« nicht ausbleiben. Nachweislich wurden so kleine Schamlippen, die Schleimhautseiten der großen Labien und der After in Einem entfernt. Demnach müssen Vagina und Mastdarm doch noch sehr zugfestes Gewebe aufgewiesen haben.

Was die bei Exenterationen zur Anwendung kommenden Messer angeht, so gab es unter den archäologischen Funden Schneidinstrumente, die den der Entfernung von Organen notwendigen Anforderungen entsprachen. Gefertigt waren sie aus einige Millimeter dicker Bronze, etwa 18 cm lang und 2 cm breit. Sie zeigten eine gebogene Klingenspitze mit einer darunter liegenden Einkerbung. Sie lagen gut in der Hand und ließen sich auch gut halten, so dass ihr Einführen in die Körperhöhlen und deren Handhabung auf keine Schwierigkeiten stieß.

4.2. Über die Konservierung der Leichen

Maßgeblich für die Konservierung der Leichen war die etwa 35-40 Tage während Behandlung des Körpers mit dem hygroskopisch wirkenden Natron[12]. Dazu wurde der Körper gänz-

---

[12] Natron (Litron, Nitron) ist ein Gemisch aus Natriumkarbonat, Natriumhydrogenkarbonat und Natriumsulfat, manchmal auch einen nicht unerheblichen Anteil von Natriumchlorid (Kochsalz; bis 50%) enthaltend. Natron fand sich in Oberägypten bei Elkab, in Unterägypten wurde es in der Oase des Wadi Natrun (»Salzfeld«) gefunden.

lich von Natron umhüllt, das gleichfalls in die Körperhöhlen[13] eingebracht wurde. Früher herrschte in der Literatur die Annahme vor, die Leiche sei im Verlauf der Mumifizierung den vorgeschriebenen Zeitraum über in eine Natronlösung eingetaucht gewesen, was offensichtlich nicht zutrifft.

Die Vorschriften (siehe im Folgenden), wie bei der Einbalsamierung zu verfahren war, waren für Priester und Balsamierer schriftlich festgelegt. Diese enthielten Anweisungen für den zu behandelnden Körperteil, und die jeweils zur Anwendung kommenden Substanzen (z.B. [Salb-]Öle, Salben, Harze usw.; siehe im Folgenden).

Nomenklatorisch schon und dies vorne weg, ergaben sich aus der Vielfalt der im Laufe der Zeit bei Mumifizierungen zur Anwendung gekommenen Produkte eine Reihe von Unklarheiten, die zu entsprechenden Konfusionen bzw. Missverständnissen führten.

Im Anschluss an die Behandlung mit Natron wuschen die Balsamierer die Leiche mehrfach mit Palmwein und »Parfümen«. Hieran schloss sich die Balsamierung des Körpers in Form von Einreibungen mit (Gummi-)Harzen, Ölen (Salbölen) z.B. Zedern- bzw. Wacholderöl, wohl aber auch mit Salzen manchmal

---

[13] Die in II, 86 von Herodot für die Liegedauer der Leiche in der Natronlauge angegebene Frist von 70 Tagen ist irrig. Ebenso dürfte Herodot wahrscheinlich ein Fehler unterlaufen sein, wenn er gleichfalls in II, 86 schreibt, die »Höhlung« sei bereits *vor* der Natronbehandlung mit »Myrrhe, Kasia und anderen Spezereien« gefüllt und zugenäht worden. Dies dürfte wohl erst nach der Natronbehandlung der Fall gewesen sein.

auch mit Bitumen, in späterer Zeit dann in zunehmendem Maß mit Bienenhonig. Auch Myrrhe fand Verwendung. Hinzu kam eine Reihe von Duftstoffen (z.B. aromatische Pflanzenharze). Die Salböle und Salben usw. wurden nach besonderen Rezepturen zubereitet. Der billige, sehr gut wirksame Asphaltos wurde zur Konservierung vermutlich in den unteren Preisklassen vermehrt eingesetzt. Bitumen konnte, vornehmlich in späterer Zeit, auch öfter Ölen beigemischt worden sein.

Die zur Konservierung zur Anwendung gekommenen Substanzen hatten zum Teil komplexe Effekte (Vernetzungen; Polymere), erwiesen sich teilweise als bakteriostatisch oder bakterizid, wie auch fungizid, wie sie gegebenenfalls auch eine wasserabweisende Wirkung aufweisen konnten. Auch bildeten manche von ihnen Netzwerke, die in der Lage waren, Mumiengewebe zu stabilisieren und so vor dem Verfall zu schützen. Neuesten Forschungsergebnissen zufolge fanden sich im Zusammenhang mit den, vermutlich im Verlauf der Mumifizierung zur Anwendung gekommenen, Borat (Salze der Borsäuren) enthaltenden Salzen, in den Knochen der Mumien auch erhöhte Konzentrationen dieser Substanzen, die zu dem teilweise hervorragenden Erhaltungszustand der Knochen beigetragen haben dürften (siehe Röntgenaufnahmen, ab Abschnitt 10.1.).

Stabilisierend wirkten sich zudem Komplexbildungen der Borsäure mit der alkalischen Phosphatase[14] auf deren Funktionstüchtigkeit aus, die so über Jahrtausende erhalten bleiben konnte.

---

[14] Bei der alkaltischen Phospatase handelt es sich um ein, in den Osteoblasten (»Knochenmutterzellen«) angereichertes Enzym (Glykoprotein).

Eine Reihe der bei der Mumifizierung verwendeten Produkte (z.B. Koniferenharze, Galbanum, Myrrhe usw.) waren Importe (z.B. Iran, Libanon, Punt), woraus sich deren hoher Preis ergab.

Die im Verlauf der Mumifizierungen beigegebenen duftenden Pflanzen(-teile) hatten möglicherweise rituelle Gründe. Auch fanden sich in den Füllstoffen der Körperhöhlen (z.b. Sägespäne, Nilschlamm, Sand, Stoffballen usw.) (vergleiche Abschnitte 10.1.3., 10.1.4., 10.1.5., 10.2.1., 10.2.2., 10.2.4., 10.3.2., 10.3.5., 10.4.2., 10.5.1., 10.5.2., 10.5.4., 10.6.3.) duftende Flechten (Lichines = Symbiose von Pilzen mit Algen); so wurde z.b. in München bei einer Mumie der 23.-24. Dynastie die Duftflechte Pseudevernia furfuracea (L) gefunden. Bei einer der von uns geröntgten Mumien (siehe im Folgenden), die später ausgewickelt worden war, wurde in der Füllsubstanz die Duftflechte Parmelia furfuracea nachgewiesen, die vermutlich aus Griechenland eingeführt worden war. Bleibt hinzuzufügen, dass verschiedene Flechten auch antibiotisch wirksame Stoffe enthalten können.

Zu kosmetischen Korrekturen an Mumien fanden auch Zwiebeln Verwendung, und zwar z.B. dann, wenn es etwa darum ging, diese unter die Augenlider solcher Mumien zu platzieren, bei denen die Augäpfel durch die im Verlauf der Natronbehandlung erfolgte Dehydratation geschrumpft waren (z.B. Ramses III. und Ramses IV.) Übrigens können bestimmte Inhaltsstoffe von Zwiebeln auch eine antibiotische Wirkung entfalten.

Aber auch in den Füllstoffen selbst wurden Zwiebeln und Knoblauch angetroffen, die wahrscheinlich als Geruchskorrigentien beigegeben worden waren. Bei Ramses II. fanden sich in den Füllstoffen zudem Pfefferkörner. Zur Überraschung kamen diese auf Röntgenaufnahmen, sogar in großer Zahl, in dessen Nase zur Darstellung.

Offensichtlich wurden im Verlauf von Mumifizierungen auch Gerbstoffe angewendet. Es sind dies Substanzen, die unter anderem in der Lage sind, die Haut porös austrocknend und fäulnisschützend zu beeinflussen.

Bei diesen wird es vornehmlich um Gerbstoffe pflanzlicher Herkunft gegangen sein, wie sie sich z.B. in den durch Gallwespen verursachten Galläpfeln (Gallotannine) finden. Auch in der Eichenrinde sind adstringierende Substanzen enthalten, wie sie sogar heute noch als adstringierend wirkendes Phytopharmakon zur Anwendung kommen (z.B. Cortex Quercus). Zur Gerbung geeignet erwiesen sich auch bestimmte Harze.

Die eben geschilderten Prozeduren betrafen weitgehend die Einbalsamierungen wohlhabenderer Personen, die in der Lage waren, die hierfür anfallenden hohen Kosten zu entrichten (siehe im Folgenden).

Bei Mumifizierungen der mittleren Preisklasse (siehe im Folgenden) wurde vor der Natronbehandlung »Saft, den man von Zedern[15] gewinnt«, in das Abdomen appliziert, der die »Gedärme

---

[15] Vorbehalte wurden schon früher an dieser von Herodot in II, 87 gegebenen Darstellung geäußert. Zweifel wurden besonders daran laut, der in das »Gesäß« mit Hilfe von »Klistierspritzen« applizierte, aus Zedern gewonnene »Saft«, könne dazu in der Lage sein, »Gedärme und Eingeweide völlig (zu)zersetzten«. Denn mit größter Wahrscheinlichkeit dürfte die in den After appli-

und Eingeweide völlig zersetzt«. Nach Beendigung der Behandlung mit Natron wurde dieser »Saft« samt den vermeintlich zersetzten Innereien (?) wieder abgelassen. Damit war die Einbalsamierung beendet.

In der niedrigsten Preisklasse soll zu der Einspritzung in die »Eingeweide« Syrmaia-Saft (griechische Bezeichnung für Meerrettich (schwarzer Meerrettich?) Verwendung gefunden haben, der vielleicht der Desinfektion gedient haben könnte. Hieran schloss sich die Behandlung des Körpers mit Natron, womit die billigste der Mumifizierungen (siehe im Folgenden) beendet war.

Aus verschiedenen Gründen gelang eine exakte Identifizierung der im Verlauf von Einbalsamierungen zur Anwendung gekommenen Substanzen bis in die neuere Zeit hinein nicht. Offensichtlich brachten erst 2001 mit neuesten Methoden durchgeführte Untersuchungen einigen Aufschluss über die zu unterschiedlichen Zeitabschnitten bei Mumifizierungen zur Anwendung gekommenen Stoffe. Trotz der geringen Zahl der vorliegenden Daten scheinen diese doch dafür zu sprechen, dass es etwa im Verlauf der letzten 600 Jahre v. Chr. unter den zur Einbalsamierung eingesetzten Substanzen zu einem deutlichen Anstieg des (billigen) Honigs kam. Wahrscheinlich geschah dies in der Absicht, so andere, teurere Materialien, wie etwa Koniferenharze zu ersetzen.

zierte Lösung nicht einmal die Organe erreicht haben, die es aufzulösen galt. Auch bestehen keinerlei Angaben zur Wirkweise, geschweige denn dem lythischen Leistungsvermögen des verabfolgten »Safts«. Experimentelle Untersuchungen zu diesem Fragenkomplex sind dem Autor nicht bekannt.

4.3. Die Mumifizierung als kultische Handlung

Ihrer Bedeutung nach entsprach die Durchführung der gesamten Mumifizierung einer religiösen Handlung. So wandelt sich denn auch im Verlauf der Einbalsamierung der Tote zum »Verklärten«. Insgesamt ist der Vorgang ordnungsgemäß durchgeführter Mumifizierung konstitutiv für das Ewigkeitsleben des Verstorbenen.

Deshalb auch verläuft diese nach einem bestimmten, dem Osirisgedanken entlehntem Ritual, geleitet von dem wt-Priester (»Einwickler«), der stellvertretend für Anubis handelt und deshalb in Analogie zu ihm die Maske eines schwarzen Hundekopfes tragen konnte. Bis etwa zum Ende der 5. Dynastie stand Anubis allein dem Totenkult vor, was dann auf Osiris überging (siehe im Folgenden).

Zum Ritual der Einbalsamierung liegen leider nur zwei, zudem noch beschädigte und teilweise unverständliche Texte (Papyrus Kairo um etwa 100 n. Chr. – Papyr. Boulaq 3 – und Louvre Papyrus 5158 aus griechisch-römischer Zeit) vor.

Wesentlich geht es bei diesen Aufzeichnungen um die richtige Durchführung einzuhaltender Zeremonien, wie z.B. um die zur Behandlung bestimmter Körperteile vorgesehenen Ingredienzien (z.B. [Salb-]Öle und Salben zum Teil mit Duftstoffen versetzt, Harze und verschiedenartige Konservierungsmittel).

So kann es dazu etwa heißen (Pap. Kairo): »Rede danach: O Osiris N.N., das heilige Öl kommt zu dir, um dich gut gehen zu lassen. Das Schwarzöl (?) kommt zu dir, um deine Ohren im ganzen Land hören zu lassen ... Du gehst zu deinem Platze in der Duat; du steigst hinauf und atmest in Abydos. Die Kleider der Götter treten an deine Arme, und die großen Gewänder der Göttinnen an deine Glieder, so dass deine Arme stark und deine Beine mächtig sind ...« (13,20).

Oder

»Darnach balsamiere diesen Gott ein. Tauche seine linke Hand samt (?) der Faust in das oben erwähnte Öl, dem zugesetzt sind: 1 Teil Anchjemi Pflanze, 1 Teil Harz (?) von Koptos, 1 Teil Natron. Dann umwickle seine Ohren mit einer Binde aus gewebtem (?) Königsleinen. Seine Finger und seine Nägel an seiner Hand sollen ordentlich gestreckt und umwickelt sein. Dann streife man einen Ring als Manneslust (über den Penis?), den man in der Werkstatt angefertigt hat. Lege einen goldenen Ring an seinen Finger und lege (?) Gold wiederholt in (seine?) Faust ... Öle zunächst seine Finger an der Außenseite, (unter Zusatz) von Anchjemi-Pflanzen, Natron und Harz (?mn-nn?mn-mw?) und göttlichem Gewebe.

Zu vollziehen in 36 Abschnitten und an seine linke Hand zu legen – weil es 36 Götter sind, mit denen seine Seele zum Himmel hinauf steigt und es 36 Gaue sind, in denen die Gestalten des Osiris sich offenbaren (?).« (7, 8-12)

Begleitet war die Mumifizierung über ihre ganze Dauer von siebzig Tagen von einer Vielzahl kultischer Handlungen, darunter auch zahlreichen Prozessionen. Mitgeführte Statuen waren mit duftenden Ölen oder Salben bestrichen. Das Schwergewicht der kultischen Handlungen dürfte im Verlauf der letzten 30 Tage der Balsamierung gelegen haben, zu denen der technische Teil der Mumifizierung bereits abgeschlossen war.

Dass Ärzte an der Mumifizierung nicht beteiligt waren, diese vielmehr Priestern vorbehalten war, unterstreicht um ein weiteres mehr deren ausschließlich kultischen Charakter. Dies ist auch der Grund, weshalb sich Ärzte im Zusammenhang mit der Einbalsamierung ein erweitertes anatomisches Wissen nicht aneignen konnten.

4.4. Die »Eingeweide« unter Berücksichtigung von Herz und Nieren

Nach Diodor I, 91 erfolgte im Verlauf der Einbalsamierung die Entnahme aller »Eingeweide« mit Ausnahme des Herzens und der Nieren. Für das Herz heißt es dazu in Kap. 29 A des Totenbuchs auch wörtlich: »Mein Herz ist bei mir, und es soll nicht weggenommen werden«. Für das Herz wurde dies bei späteren Mumienuntersuchungen auch weitgehend bestätigt.

Dass dies für die Nieren kaum der Fall ist, könnte durch technische wie anatomische Schwierigkeiten bei der Entfernung der »Eingeweide« bedingt gewesen sein, sind doch die Nieren retroperitoneal und damit meist auch schwer zugänglich gelegen. Vermutlich dürften diese im Verlauf der Exenteration unbeachtet zusammen mit den übrigen »Eingeweiden« entfernt worden sein. Ob überhaupt, oder gegebenenfalls welche mythische Bedeutung den Nieren bei den Ägyptern zukam, lässt sich nicht eruieren. In diesem Zusammenhang scheint es von Interesse, dass im Ägyptischen, wie der damals üblichen medizinischen Nomenklatur, kein Terminus für die Nieren zu finden ist.

Die Gründe für die offenkundige Sonderstellung bzw. Sonderbehandlung des Herzens im Verlaufe der Mumifizierung ergibt sich aus der Vorstellung der Ägypter, dieses sei Sitz aller geistigen und seelischen Kräfte, ja, Erkenntnis und Wille gingen von ihm aus. Auch sei es Träger der Koordination der Aktivitäten der Extremitäten und vieles andere mehr.

Diese Sonderstellung dürfte sich aber letztlich und maßgeblich aus der Bedeutung herleiten, die dem Herz im Verlauf des Totengerichts zukommt. Gefürchtet war die vor Osiris zu leistende Aussage des Herzens, die den Verstorbenen gegebenenfalls schwer belasten oder ins Unheil stürzen konnte. Dies, obwohl doch eigentlich dem Herzen als Berater, Freund und Schutzgeist, und damit maßgeblich für die Verfehlungen seines Herren verantwortlich, mehr noch als seinem Herren die Schuld solcher Verfehlungen anzulasten gewesen wäre. Ausdruck findet diese Sorge z.B. im 26. Kapitel des Totenbuchs Vers 30B, der in abgekürzter Form lautet:

»Herz von meiner Mutter! Herz meiner Gestalt! Tritt nicht gegen mich auf als Zeuge, widersetze dich mir nicht im Gericht, übe deine Feindschaft nicht gegen mich aus vor dem Wägemeister! Du bist mein Ka, der in meinem Leibe ist; der Chnum, der meine Glieder bildete ...« (NR)

Es ist dies auch der auf den den Toten häufig beigegebenen Herzskarabäen[16] verzeichnete Text. Dem Totenbuch (26. Kapitel, Nachschrift zu Vers 30 B) nach sollte dies ein Skarabäus von grünem Stein sein, der in das Innere des Herzens des Toten eingebracht werden sollte. Dies dürfte einer älteren Sitte (Mittleres Reich?) entsprechen, in der das Herz im Verlauf der Mumifizierung vorübergehend dem Körper entnommen worden war. Später wurde der Herzskarabäus im Bereich der Herzgegend aufgelegt oder dort zwischen die Binden eingefügt.

Neben dieser, auf den Herzskarabäen verzeichneten Kurzfassung, findet sich der vollständige Text dieses Spruchs auch in dem jedem Verstorbenen üblicherweise beigegebenen »Totenbuch«.

Die Behandlung des Herzens im Zusammenhang mit erfolgten Mumifizierungen war im Verlauf der Jahrtausende währenden ägyptischen Geschichte aber durchaus unterschiedlich.

---

[16] Skarabäen werden ihrem Auftreten nach in das 21. Jahrhundert v. Chr. datiert. Es handelt sich dabei um einen als heilig verehrten und als Pillendreher benannten Käfer, der aus dem Dung pflanzenfressender Säugetiere einen kleinen Kotballen knetet. Rückwärts laufend bringt er diesen zu einer kleinen Höhle, um ihn dort einzulagern und in nächster Zeit zu verzehren. Aus dem Vergleich der wohlgeformten Kugel des Käfers mit der Sonne und dem Verschwinden des Kotballens in der Erde in Analogie zum abendlichen Untergang der Sonne, meinte man eine gedankliche Verbindung hin zum Sonnenzyklus ziehen zu können. Hieraus ergab sich dann der direkte Bezug zu dem mit der Sonne täglich erscheinenden Sonnengott Re, nachdem die Sonne jeweils tags zuvor untergegangen und in der Unterwelt verschwunden war. Dies nährte wiederum die wichtigste der Jenseitshoffnungen der Menschen, gleichfalls aus Tod und Grab irgendwann verjüngt zu erstehen. Damit wurde der Skarabäus zu einem Symbol dieser Erwartung und zu einem Hoffnungsträger.

Im Alten Reich, etwa zur Zeit der 6. Dynastie wurde es üblich, das Herz zu entfernen und vielleicht durch eines aus Stein zu ersetzen. Im Mittleren Reich war es dann Brauch, das Herz passager dem Körper zu entnehmen, um einen in Leinenbinden gewickelten Skarabäus in das Herz einzufügen und dieses in den Körper zurück zu verlagern. Im Neuen Reich war es dann üblich, das Herz im Körper zu belassen und einen Herzskarabäus mit seinen beschwörenden Sprüchen in der Gegend des Herzens, eventuell auch innerhalb der Mumienbinden liegend, zu platzieren. Wie im Vorangegangenen schon dargelegt, bestand die Hauptaufgabe des Herzskarabäus darin, das Herz zu veranlassen, im Verlauf des Totengerichts seinen Herrn nicht zu belasten.

Im Zusammenhang mit vielen Röntgenuntersuchungen, darunter auch den unseren, ergaben sich Abweichungen von den weiter vorne erwähnten Regeln. So waren Herzen manchmal im Körper nicht mehr enthalten, ohne dass es eine Erklärung dafür gegeben hätte. Auch wurden aus dem Körper entnommene Herzen z.B. in Kanopen beigesetzt.

Eine denkbare Veranlassung, das Herz unwiederbringlich aus dem Körper zu entfernen, könnte z.B. aus der Sorge entstanden sein, dieses würde, aus welchen Gründen auch immer, im Verlauf des Totengerichts auf jeden Fall gegen den Verstorbenen aussagen.

Ein Beispiel für die damals von Menschen im Zusammenhang mit den dem Herzen im Jenseits obliegenden Aufgaben gehegten Ängsten ergibt sich aus einer, vom Sohn eines Verstorbenen gemachten Äußerung: »Gemacht hat (d.h. machen ließ) sich mein Vater sein Herz, nachdem ihm das andere herausgenommen war, da es aufsässig wurde dagegen, als er zum Himmel aufstieg, damit er wate durch die Fluten des gewundenen Wasserlaufs.«

Dass im Gegensatz zum Herzen den Nieren im alten Ägypten offensichtlich keine mythische Bedeutung zukam, überrascht bei der mehrfachen Erwähnung der Nieren im Alten Testament[17]. Dies um so mehr, als doch beide Völker über nahezu zwei Jahrtausende in engem räumlichen Kontakt zueinander standen und das Alte Testament auch mehrfach Einflüsse ägyptischer Denkweise vermuten bzw. erkennen lässt. Deshalb ist auch der Gedanke, dass einige der im Alten Testament im Zusammenhang mit den Nieren gemachte Äußerungen in Ägypten gehegte Vorstellungen reflektieren, nicht auszuschließen.

Trotz der Feststellung Diodors über den im Verlauf von Mumifikationen bewussten Verbleib der Nieren (gleich dem des Herzens) im Körper, finden sich dazu keine anderweitigen einschlägigen bzw. erläuternden Textstellen. Als Erklärungsmöglichkeit für Diodors Behauptung vorstellbar wäre z.B. eine zur Zeit Diodors merkbare Einflussnahme der Juden bzw. des Alten Testaments auf die ägyptische Denkweise, wie sie sich z.B. aus der vielfachen Erwähnung der Nieren im jüdischen Sprachgebrauch und im Alten Testament ergeben haben könnte.

---

[17] Erwähnung nur einiger, die Nieren betreffender Textstellen aus dem Alten Testament: Klagelieder 3,13; Jeremia 11,20; 17,10; 20,12; Psalme 7,10; 26,2; 73,21; 139,13; Hiob 16,13; 19,27; Leviticus 3,4; 3,10; 3,15; 4,9; 7,4; 8,16; 8,25; 9,10; 9,19; Exodus 29,13; 29,22; Gleichzeitige Erwähnung von Herz und Nieren z.B.: Jeremia 17,10; 20,12; Psalme 7,10; 26,2.

4.5. Die Beisetzung der »Eingeweide« in Kanopen

Die vermutlich erste Beisetzung der »Eingeweide« (siehe im Folgenden) in vier Teilen (Leber, Lunge, Magen, Eingeweide) in einem vierfach ausgehöhlten Alabasterblock, dürfte bei der Mutter Königs Cheops (4. Dynastie) erfolgt sein.

Die Vier galt als die damals eigentlich heilige Zahl der Ägypter. An Bedeutung übertraf sie die gleichfalls heiligen Zahlen 7 und 9. Die herausragende Bedeutung der 4, ja ihre Heiligkeit, ergab sich für die Ägypter aus dem Körperbau des Menschen und den hieraus ableitbaren vier Ebenen, vorne und hinten, rechts und links. Im übertragenen Sinn betrachtet der Mensch sich so als Mittelpunkt eines Vierecks und redet daher von den vier Ecken der Welt als Himmelsstützen im Süden, Norden, Westen und Osten.

Im Alten Reich wurde die Beisetzung der »Eingeweide« in vier einzelnen Krügen (Kanopen; Kanopenkästen u.ä.), mit einem flachen Deckel üblich. Seit dem Mittleren Reich bis in die 19. Dynastie hatten die Deckel die Form eines menschlichen Kopfes.

Später oblag der Schutz der »Eingeweide« in den Kanopen den als die vier Horuskinder bezeichneten Schutzgeistern; das sind Amset mit Menschenkopf für den Magen (Leber), Hapi mit Paviankopf für das Gedärm (Lunge), Duamutef schakalköpfig für die Lunge (Magen) und Qebechsenuef mit Falkenkopf für die Leber (Gedärme). (Da die Zuordnung der Organe zu den Schutzgeistern offenbar variieren kann, wurde jeweils eine der Möglichkeiten in Klammer beigefügt.) Deren Aufgabe bestand darin, den Toten nicht nur zu schützen, sondern als Hüter der Eingeweide auch Hunger und Durst von ihm fern zu halten.

Seit dem Mittleren Reich kamen zu den vier Horuskindern noch vier Göttinnen hinzu: Isis und Nephthys, die Schwestern des Osiris, Neith und die später Selket genannte Skorpiongöttin. Deren Aufgabe sollte es sein, die in den Kanopen enthaltenen Eingeweide mit ihren Armen schützend zu umschließen.

Den Schutzgeistern oblag aber auch die Bewachung des »Schenkels«, das ist der große Bär am nördlichen Sternenhimmel, der Seth, dem großen Feind des Osiris, gehörte. Die Bewachung geschah in der Absicht, dieses nördliche Sternbild ja nicht zu nahe an den südlich gelegenen Orion, Besitz des Osiris, herankommen zu lassen. Ebenfalls wurden sie zur Bekanntmachung der Thronbesteigung des Horus (Königs) als Vögel, mit dem ihnen eigenen Kopf, in die vier Weltteile geschickt.

In der Geschichte der Eingeweide zeigt sich erst nach Ende des Neuen Reiches, etwa der 21. Dynastie, eine deutliche Zäsur. Es folgt eine Zeit der Regellosigkeit, die etwa bis zur 25./26. Dynastie anhält. Während dieses Zeitraums konnten »Eingeweide« in Paketen (vergleiche Abschnitt 10.1.2., 10.1.5., 10.2.3., 10.3.2., 10.3.5., 10.4.2., 10.4.5., 10.5.1., 10.5.2., 10.5.4., 10.6.2., 10.6.5.) mit den zugehörigen Wachsfiguren versehen, in den Körper zurückverlagert werden oder als Pakete in Kästen gelagert sein. Die Rückverlagerung dieser »Eingeweidepakete« könnte zu dem Zeitpunkt erfolgt sein, zu dem man begann, die Leibeshöhlen auszustopfen.

Es war auch möglich, in das Grab leere, so genannte Scheinkanopen mitzugeben, was auf deren noch verbliebenen rituellen Wert schließen lassen könnte. Bleibt hinzuzufügen, dass Scheinkanopen schon seit der 5. Dynastie bekannt waren.

Andere Darstellungen wieder besagen, die Eingeweide seien zuerst in die Sonne gehalten und dann um ihres »sündigen Wesens« (»Gedärm«) willen in den Nil geworfen worden.

Eine Zeit lang gab es im Neuen Reich (z.B. 25./26. Dynastie) auch eine Art von Identifikation von Schutzgeistern und Toten. Dies mag etwa darin Ausdruck finden, dass im Verlauf der Bestattung Tutanchamuns (Ende der 18. Dynastie) dessen Eingeweide in mumienförmigen kleinen, mit dem Kopf des Königs versehenen Särgen verwahrt worden waren, die dann aufrecht in je einem der vier Behälter des Kanopenkastens aufgestellt worden waren. Auf diesen vier Behältern findet sich wiederum anstelle der Köpfe der vier Schutzgeister eine Darstellung des königlichen Kopfs.

4.6. Über die Verwendung von Duftstoffen

Der Verwendung von Duftstoffen kam im Leben der Ägypter besondere Bedeutung zu und da nicht nur bezogen auf olfaktorische Vorlieben der Damen (z.B. Kleopatra VII, die Große, 51-30. v. Chr.), sondern auch auf den ihnen zugemessenen religiösen Bedeutungsgehalt. Da Parfüme in damaliger Zeit nicht herzustellen waren (z.B. Destillation), kamen stattdessen duftende Salböle zur Anwendung. Dazu wurden duftende Pflanzenteile (z.B. Blüten, Früchte, Rinden usw.) in fette Öle eingelegt, um nach Übertritt der ätherischen Öle abgepresst zu werden.

In Hinblick z.B. auf die Mumien der 21. Dynastie veranlasst dies zu dem Hinweis, dass die Kosmetik wie die Herstellung von Duftstoffen im Alten Ägypten einen sehr hohen Stand erreicht hatte. Im Verlauf kultischer Handlungen, aber auch im täglichen Leben, spielte dies eine nicht unerhebliche Rolle.

Bedeutung kam den Duftstoffen auch im Zusammenhang mit Mumifizierung und Totenkult zu (vergleiche vorne). Was die Mumifizierung angeht waren dies besonders Duftstoffe auf Ölbasis (wie im Vorangegangenen beschrieben) und – folgt man den Totentexten – auch solche, die sich in Wasser lösen ließen.

In dem erhalten gebliebenen Papyrus Kairo, der sich mit dem Ritual der Einbalsamierung befasst, werden zur Behandlung jeden Körperteils gleich anfangs Anweisungen für die zu verwendenden Salben und Harze sowie die pflanzlichen und mineralischen Konservierungsmittel gegeben. Was etwa die Verwendung von Duftstoffen angeht, so heißt es z.B. zum Ritual der Einbalsamierung des Leibes gleich anfangs:
»Darnach soll man ein Salbengefäß nehmen, in welchem sich die zehn Öle der Mundöffnung befinden ... (Trage sie auf) von seinem Kopf und seinem Ellenbogen bis zu seinen Sohlen, indem du dich (aber) hütest, seinen Kopf zu salben. Rede: O Osiris NN, empfange dir den »Festgeruch« (Öl), der deine Glieder schön (macht). Empfange dir das Parfum (hnm), damit du dich mit dem großen Sonnengott (jtn) vereinigst; es vereinigt (hnm) sich mit dir und stärkt (?) deine Glieder; und du vereinigst (hnm) dich mit Osiris in der großen Halle (sh wr).« (2,6-8)

Im Verlauf von Totenprozessionen wurden mitgeführte Statuen mit in Salben gelösten Duftstoffen (siehe weiter vorne) bestrichen. Im Grab Tutanchamuns (1333-1323 v. Chr.) fanden sich u.a. auch 35 zerbrochene Alabastervasen, die mit duftenden Substanzen gefüllt waren, wobei sich unter einer der Krusten sogar noch flüssige Bestandteile fanden.

Unter Salben verstand man mit duftenden pflanzlichen Ölen versetzte tierische Fette. Zu ihren Schutzgottheiten zählten unter anderen Nefertem und Horhekenu. Nefertem, seit dem Alten Reich schon als Lotusblume dargestellt, findet wiederholte Erwähnung in Totenbüchern und Sargtexten. Als vermeintlicher Sohn der Sachmet, einer bedeutsamen, meist mit Löwenkopf dargestellten Göttin, verfügt Nefertem auch über kämpferische wie strafende Eigenschaften. Er gehörte dem Totengericht an, dessen Vorsitz er mitunter einnimmt.

Horhekenu, was so viel wie »Haus der Salbe« bedeuten könnte, wird wohl in Memphis in Nefertem aufgegangen sein. Letzterem werden bestimmte Duftstoffe und Salben zugeordnet. Bei dem im Verlauf des Totenkultes eventuell verwendeten Weihrauch dürfte es sich vermutlich um das Harz des Weihrauchstrauches Boswellia gehandelt haben, der auch im Alten Testament mehrfach Erwähnung findet. Dieser kann in höherer Konzentration und länger eingeatmet, eine drogenähnliche Wirkung entfalten. So sollen im Weihrauch der Boswellia enthaltene Substanzen bei deren Verbrennung Stoffe freisetzen, die beim Menschen ähnliche Erscheinungen hervorrufen, wie dies für das Cannabis-Öl zutrifft.

4.7. Über die Wickelung der Binden und die Ausschmückung der Mumien

Große Bedeutung kam den Wickelungen der Mumien nach deren Einbalsamierung zu. Diese waren im Laufe der Jahrhunderte durchaus unterschiedlich. Unmengen von textilem Material wurden dabei verbraucht.

Nach durchgeführter Mumifizierung wurden die Körperglieder jeweils einzeln mit salbendurchtränkten Binden gewickelt, um dann die Körperglieder und den Rumpf mit Binden gemeinsam zu umschließen. Abschnittsweise wurden auch Tücher eingelegt, die an Kopf und Fußende verschnürt wurden. Amulette, z.B. Skarabäen, konnten in die Binden eingearbeitet sein. Abschließend folgte häufig noch eine Wickelung mit Zierbinden. Durch Anfeuchten und auch die Verwendung z.B. von Öl, oder Wachs oder Salben gelang es, Binden anschmiegsam zu machen.

Das Trocknen der Binden führte zu deren Schrumpfung, wodurch nicht unerhebliche Kräfte freigesetzt wurden. Diese waren mitunter in der Lage, einen so starken Druck auf die Mumie auszuüben, dass Knochenbrüche die Folge sein konnten.

Gesichtsmasken wurden mit Sorgfalt gestaltet, konnten aus Gips, gehärtetem Leinen oder Kartonage bestehen (Mumienportraits siehe im Folgenden). Auch konnten Masken aus Gold oder Silber gefertigt sein (siehe im Folgenden).

Zu späterer Zeit folgten verschiedene Varianten, z.B. Holzdeckel, einzelne Belagstücke oder Umhüllungen der Beine mit aufgezeichneten Sandalen (siehe im Folgenden). Zur Ausschmückung fanden in der Spätzeit auch Fayenceperlen Verwendung.

Auf die Technik, die Art und Weise der Wickelung der Binden und die im Verlauf der Jahrhunderte zur Ausbildung gekommenen, wechselhaften Muster wird hier nicht eingegangen.

Abdallatif schreibt (S. 221), dass die Körper in »hanfleinene Todtentücher eingehüllt (waren), so bei jedem Kadaver ohngefähr die Länge von tausend Ellen hatten. All Glieder, jedes besonders als z.B. Hand, Fuß, Finger, waren mit schmahlen Windelbändern oder Bandagen bedekket und umwunden ...«

Auf den den Körper umhüllenden Binden fanden sich mitunter Aufzeichnungen weitgehend mythischen, manchmal auch biographischen Inhalts. Gelegentlich wurden zwischen die einzelnen Lagen Amulette eingelegt, in der Herzgegend konnte dies ein Herzskarabäus (vergleiche vorne) sein. Aufgabe der Amulette war es, den Toten schützend durch die Ewigkeit zu begleiten. Zwischen den Binden fanden sich gelegentlich auch Schmuckstücke. Diese wurden den Verstorbenen auch am Körper angelegt, wie z.B. Halsketten und/oder Reifen an den Armen und/oder Beinen usw. (vergleiche Abschnitt 10.1.4., 10.1.5.). Mitunter kamen Beigaben aus Gold hinzu.

»Übrigens findet man an den Stirnen, auf den Augen und den Nasen der Todtenkörper ... Goldblätter womit diese Theile wie mit einer Schale bedekt sind. Bei weiblichen Kadavern trift man dergleichen Blätter von Gold auch über den Schamtheilen an. Ja zuweilen bedeckt eine solche dünne Rinde von Gold den ganzen Leichnam wie eine Membrane« (Abdallatif S. 222/223).

Bis in das Neue Reich hinein waren Goldmasken der königlichen Familie vorbehalten. In der ptolemäischen Zeit entfiel diese Begrenzung; so waren diese wie auch Vergoldungen von Körperpartien für jedermann möglich geworden.

Die Vergoldung von Nägeln (vergleiche Abschnitt 10.6.4.) gründet auf Ausführungen des schon eben erwähnten Papyrus Kairo (etwa 100 n. Chr.). Im Ritual der Einbalsamierung findet sich dazu folgender Absatz:

»Darnach (nachdem die Mumie auf den Rücken gelegt worden war – Anm. d. Verf.) vergolde seine Nägel an seinen Händen und seinen Füßen, angefangen von seinen Fingern bis zu seinem (Fuß-?)Nagel, der mit einer Binde von Leinen aus dem Gewebe von Sais bewickelt ist. Darnach zu sprechen: O Osiris NN, du empfängst deinen Nagel in Gold, deine Finger in edlem Metall, deine Fußnägel in Elektron[18]. Der Ausfluss des Re tritt an dich, die Gottesglieder des Osiris in Wahrheit. Du gehst auf Deinen Füßen zum Hause der Ewigkeit und erhebst deine Arme zur Stätte der Unendlichkeit. Du wirst durch das Gold verschönert, und durch das Elektrum gestärkt; deine Finger werden im Haus des Re in der Werkstatt des Horus selbst beweglich gemacht (3,16).«

---

[18] Elektrum (Elektron), natürlich vorkommende oder künstlich hergestellte Goldlegierung, mindestens 20% Silber enthaltend. Schon im 8.-7. Jahrhundert v. Chr. zur Prägung von Münzen verwendet.

Zum »Konservieren der Beine« ergibt sich aus dem Ritual der Einbalsamierung nachfolgende Empfehlung:

»Man salbe seine Fußsohlen, Schienbeine und Schenkel mit Öl ... Die Zehen seiner Füße sollen mit Piru-Stoff umwickelt werden (13,15; vergleiche Abschnitt 10.1.4., 10.1.5., 10.3.4., 10.4.4.). Nimm Anchjemi, Natron und Harz, sechs Teile, um die Konservierung seiner Beine zu vollenden ... Die göttliche Leinen-Pflanze in 12 Teilen hergerichtet, soll an sein rechtes Bein gelegt werden, und Streifen vom n.t-Gewebe an sein linkes Bein. Salbe (ihn) mit heiligem Öl ... Dein Gehen ist groß auf Erden, und dein Schreiten gewaltig auf Erden«(13, 17-20).

Zur Ausstattung einer Mumie zählten, vornehmlich in griechisch-römischer Zeit, mitunter auch Sandalen (vergleiche Abschnitt 10.1.4., 10.1.5.), sollte doch der Tote für seinen Weg zu Osiris gut ausgestattet sein und nicht etwa mit unsauberen Sohlen vor ihm erscheinen. Bei Betreten der Halle des Gerichtes wurde sogar das Tragen weißer Sandalen in Betracht gezogen.

Das gelegentliche Ausschneiden der Fußsohlen scheint offenbar vereinzelt schon für die 20. Dynastie belegt zu sein und dürfte vermutlich Bezug gehabt haben zum Tragen von Sandalen.

4.8. Kurzer geschichtlicher Überblick über die Mumifizierung

Schon aus der praedynastischen Zeit wurden in Leinen oder Leder gehüllte, in Hockestellung beigesetzte mumifizierte Körper gefunden, ohne dass eine Einbalsamierung an ihnen vorgenommen worden war. Dies war sicherlich Folge günstiger klimatischer Verhältnisse, wobei es bei großer Hitze und entsprechender Luftbewegung im Wüstensand zusammen mit dem ihm anhaftenden Salz zu einer Austrocknung des Körpergewebes und damit zur Mumifizierung gekommen ist.

Vor der Einführung der Mumifizierung genügte vermutlich schon die Erhaltung des Skelettes, um den Anforderungen des Auferstehungsglaubens zu entsprechen. Wahrscheinlich stammen die ersten Versuche gezielter Mumifizierungen aus der Thinitenzeit. Eine solche Balsamierung ist für die 2. Dynastie belegt. Dabei habe es sich um eine, noch in der bis dahin üblichen Hockestellung beerdigten Frau gehandelt.

Es mag für die Ägypter überraschend gewesen sein, dass nach dem Bau von Gräbern und der Beisetzung der Verstorbenen in Särgen, diese zu verwesen begannen. Fraglos war dies weitgehend Folge der in den Grabmälern vorherrschenden, für eine Mumifizierung ungünstigen klimatischen Verhältnisse.

Die Annahme liegt nahe, dass sich die Ägypter in Hinblick auf eine erfolgreiche Mumifizierung sehr rasch auch die Erfahrung zu Nutze machten, wonach auf der Jagd erlegte Tiere, aber auch Schlachtvieh und Fische, sehr rasch zu verwesen begannen, wenn sie nicht ausgenommen worden waren. Wahrscheinlich war es ihnen auch aufgefallen, dass Fisch und Fleisch länger genießbar blieben, wenn sie eingesalzen wurden.

Dies mag Grund für die Balsamierer gewesen sein, auch die Eingeweide der Verstorbenen zu entfernen und vielleicht zur damaligen Zeit schon deren Körper mit Hilfe des in Ägypten reichlich vorkommenden Natrons zu entwässern.

Früheste Belege für die Verwendung von Natronlösungen zur Konservierung stammen aus der Zeit der 4. Dynastie (2639-2604 v. Chr.). So wurde in den der Königin Hetepheres (Mutter des Khufu, griech. Cheops) zugehörigen Kanopen Natronlauge als Konservierungsmittel gefunden.

Schon während der Thinitenzeit entwickelte sich Abydos (This oder Thinis gegenüber gelegen) zu einer Stadt und ab der 5. Dynastie zu einer Pilgerstätte des Osiris.

Denn der Ort Abydos behauptete, im Besitz des Kopfes des zerstückelten Gottes zu sein. Deshalb auch erfolgten Bestattungen von Königen nahe (nördlich) von Abydos, wo sich gleichfalls eine Reihe von Kenotaphen fanden. Das sind vorbereitete leere Gräber für anderenorts, z.B. in Saqqara beigesetzte Könige, bzw. aus verschiedenen Gegenden stammende reiche Ägypter, die sich mit deren Hilfe ihrer Nähe zu Osiris versichern wollten.

Professionelle Balsamierer sind vermutlich erst ab der 6. Dynastie bekannt. Diese waren freilich nur den Königen und ihnen nahestehenden Personen vorbehalten.

Wert legte man im Alten Reich auf die Darstellung der Körperformen einschließlich der des Gesichts. So wurde versucht, durch eine sorgsame Wickeltechnik auch mit in Harz getränkten und dadurch formbaren Binden, den Körper nachzubilden. Erprobt wurde es auch, die Körperformen in eine aufgetragene Gipsschicht zu modellieren. Lebensnah sollten die Gesichtszüge zum Ausdruck kommen.

Die Mumien finden sich in Strecklage, die der Schlafstellung entspricht, was durch die Lagerung des Kopfes auf einer Kopfstütze unterstrichen wird.

Trotz allen damaligen Bemühens war die Balsamierungstechnik insgesamt aber doch nicht zufrieden stellend. Freilich verbesserten sich schon im Alten Reich im Laufe der Jahrhunderte die Konservierungsverfahren, an deren Weiterentwicklung ständig gearbeitet wurde.

Auch im Mittleren Reich befanden sich die zur Anwendung kommenden Mumifizierungsverfahren weiterhin in einem Stadium der Erprobung. Die Notwendigkeit hierzu mag eine Reihe aus dieser Zeit stammender, schlecht erhaltener Mumien belegen. Experimentiert könnte eventuell auch an einigen, aus der Zeit der 11. Dynastie stammenden weiblichen Leichen geworden sein, bei denen keine Schnittwunden im Bereich des Bauches vorlagen, dafür aber Schäden im Vaginal- und Analbereich feststellbar waren.

Ob die Vermutung, bei diesen sei der Versuch unternommen worden, die »Eingeweide« durch Einspritzungen aufzulösen, zutrifft (siehe im Folgenden), lässt sich kaum belegen.

Im Mittleren Reich wurde zudem mit Versuchen begonnen, das Gehirn im Verlauf von Mumifizierungen zu entfernen. Dieses Verfahren blieb zunächst auf die höchsten Bevölkerungsschichten beschränkt.

Im Unterschied zum Alten Reich begnügte man sich, wohl im Zuge der Verbesserung der Mumifizierungsverfahren im Mittleren Reich, die mumifizierten Körper lediglich mit Binden zu umwickeln. Aufmerksamkeit galt weiterhin der Anfertigung von Mumienmasken.

Im Neuen Reich wurden Gehirn (siehe im Folgenden) und Eingeweide (siehe im Folgenden), unter Berücksichtigung des für eine Einbalsamierung ausgehandelten Preises, bearbeitet (siehe im Folgenden).

Ab der 18. Dynastie ist die Methode der Einbalsamierung als mehr oder weniger perfekt zu bezeichnen (z.B. Tutanchamun). Sie hatte damit einen Stand erreicht, der es zuließ, Mumifizierungen durchzuführen, die den Erhalt der Körper Verstorbener über drei Jahrtausende hinweg bis in die heutige Zeit gewährleistete.

Mumien der 21. Dynastie nehmen insofern eine gewisse Sonderstellung ein, als auf deren kosmetische Bearbeitung großer Wert gelegt wurde. So wurde z.B. versucht, das Gesicht durch Bemalung, Augen aus Fayence und Betonung der Augenbrauen aufzufrischen. Eingefallene Körperhöhlen wurden mit Nilschlamm, Sägespänen, Leinen und ähnlichem (vergleiche Abschnitt 10. 2.3., 10.2.4., 10.3.4., 10.4.4., 10.5.3., 10.5.4.) aufgefüllt, wie es auch versucht wurde, schlaff gewordenes Gewebe und faltige

Haut zu unterlegen und zu straffen. Bemalt wurde die Haut bei Männern mit rotem, bei Frauen mit gelbem Ocker.

Die hergebrachte Überlieferung von Mumifizierungen und Totenritual werden bis etwa in die Ramessidenzeit (19. und 20. Dynastie) beibehalten, um dann bis zur 26. Dynastie wahllos von den alten Grundsätzen abzuweichen. Erst ab diesem Zeitpunkt (26. Dynastie; Spätzeit), setzten wieder einigermaßen geordnete Verhältnisse ein.

Die Einbalsamierungen werden noch über das Ende des Pharaonenreiches hinaus fortgeführt, um etwa im 7. Jahrhundert n. Chr. aufzuhören.

Es mag befremdlich anmuten, wenn es heutzutage Firmen (z.B. USA) gibt, die Einbalsamierungen anbieten und sich dazu genügend Menschen finden, die diese für sich beanspruchen. Die Mumifikation erfolgt dabei in einer Weise, die eine Beeinträchtigung des Aussehens der Leiche weitgehend ausschließt. Aber auch an pathologischen Instituten erfolgen Einbalsamierungen von Leichen besonders dann, wenn diese z.B. in weit entfernte Länder zu transportieren sind.

5. Bemerkungen zur Bedeutung des Membrum virile im Alten Ägypten

Die Bemerkungen zu Membrum virile und zur Circumcision (siehe im Folgenden) sind ausgelöst durch einen an der Mumie I, ÄS 73b erhobenen, wohl nicht gerade häufigen Röntgenbefund. So kommt auf Röntgenbildern – wahrscheinlich als Folge einer Umwickelung des Gliedes mit textilem Material oder vielleicht auch im Zusammenhang mit einer anderweitigen Versteifung – ein mäßig schattengebender Phallus zur Darstellung (vergleiche Abschnitt 10.1.3., 10.1.5.).

Möglicherweise geschah die Versteifung in der Absicht, diesem durch einen Unfall zu Tode gekommenen, etwa 16-jährigen Jungen, im jenseitigen Leben den Liebesgenuss zu erhalten.

Ein besonderes Beispiel für eine textile Wickelung dürfte Tutenchamun sein, bei dem sich ein in aufgerichteter Stellung durch Binden umwickeltes Membrum virile findet.

Eine informelle Schilderung der solchem Verhalten zugrunde liegenden Glaubensüberzeugungen sollen zum besseren Verständnis folgen.

Der in der Umgangssprache für Penis im Ägyptischen gültige Name war »Hacke«, wie die des Landmanns zur Feldbestellung. Aber auch andere Bezeichnungen fanden Verwendung, wie etwa der »Mächtige« oder auch der »Schöne«. Die das Membrum darstellende Hieroglyphe bestand aus einem erigierten, circumcidierten Penis.

Während der Mumifizierung kam bevorzugte Behandlung offensichtlich dem Phallus zu. So finden sich Hinweise auf Maßnahmen, die Bezug haben auf eine erwünschte Sicherung der Virilität und damit auch des männlichen Gliedes im jenseitigen Leben. Dieser Absicht dienen offenkundig auch Wickelungen eines manchmal auch abgetrennten Penis. Wohl im gleichen Bestreben wurden Verstorbenen zwischen den Beinen platzierte, aus Leinen und Harz geformte, penisartige Gebilde mitgegeben. Übel gestaltete, dämonenhafte Phallusfiguren sollten eine apotropäische Wirkung entfalten.

Die eben erwähnten Maßnahmen hätten freilich auch ersetzt werden können durch in Grab oder Sarg aufgezeichnete, einschlägige Gebetstexte. Wurden diese zusätzlich beigegeben, geschah dies wohl in der Absicht, vorerwähnte Maßnahmen zu verstärken. Durch magische Praktiken, etwa Zaubersprüche oder in Heiligtümern als Votivgaben hinterlegte, aus Stein gehauene Penisse, (z.B. Felsenkapelle der Hathor in Der el Bahri) suchte man den gehegten Wünschen Nachdruck zu verleihen.

Ein besseres Verständnis der dem Membrum virile in Religion und religiösen Festen zugemessenen Bedeutung leitet sich aus der Kenntnis von Vorfällen ab, die im Zusammenhang mit der Zerstückelung der Leiche von Osiris stehen. So wurde der Legende nach im Gegensatz zu anderen Körperteilen das männliche Glied des Osiris nicht mehr aufgefunden. Diodoros berichtet dazu (Buch I, 22):

»Die Genitalien aber habe Typhon in den Nil geworfen, weil keiner von seinen Komplizen sie wollte. Von Isis aber seien diese dennoch in gleicher Weise göttlich verehrt worden. Sie habe nämlich von ihnen eine Nachbildung anfertigen lassen und ihren Kult in allen Heiligtümern befohlen, ja, sie habe bewirkt, dass bei religiösen Feiern und Weihen zu Ehren des Gottes sie im Mittelpunkt standen und deshalb besondere Verehrung erlangten[19]. Aus diesem Grunde auch verehrten die Griechen, die aus Ägypten die orgiastischen Kulte und auch die Dionysosfeste übernommen hätten, dieses Glied in ihren Mysterien, Weihungen und Opferfesten für diesen Gott und nannten es Phallos«.

Die kultische Bedeutung des Membrums fand auch im Verlauf der Pamylien (Dionysosfest; s. Herodot II, 48;), einem Fest, das (ländliche) ägyptische Frauen zu Ehren des Osiris (Dionysos)

---

[19] Einen anerkannten Phalluskult hat es bei den Israeliten nicht gegeben. Trotzdem soll der Phalluskult in der Bibel (I. Buch der Könige 15,13 und 2. Buch der Chronik 15,16) im Zusammenhang mit Unzuchthandlungen Erwähnung gefunden haben. Möglicherweise aus Verlegenheit bzw. Befangenheit wird der Phalluskult an den vorgenannten Stellen in den gängigen Bibelübersetzungen (AT) nicht direkt angesprochen. So heißt es in verschiedenen Bibelübersetzungen sinngemäß: »Sogar seine Mutter Maacha enthob er ihrer Stellung als oberster Herrin, weil sie der Aschera ein Schandbild errichtet hatte« (I. Buch der Könige 15,13). Im 2. Buch der Chronik 15,16 lautet der Text: »Selbst seine Mutter Maacha entfernte König Asa, so dass sie nicht mehr Herrin war, weil sie der Aschera ein Scheusal hatte anfertigen lassen«. Im Buch Ezechiel 16,17 geht es um den Vorwurf, wonach aus Schmuckgegenständen, Gold und Silber ein Mannsbild gefertigt wurde, um mit diesem Unzucht zu treiben.
Preuss (S. 125/126) gibt für I. Könige 13 allerdings folgende Version: »Der König Asa entthront in seinem Eifer gegen den Götzendienst, der in Israel Wurzel gefasst hatte, seine eigene Mutter, weil sie eine miphléceth für Astarte gemacht, einen Phallus, mit dem sie Unzucht trieb, wie R. Josef im Talmud (Ab. z. 44a.) erklärt. Deutlicher noch Ezechiel (16,17) in seiner Strafrede gegen das abgöttische Israel »du nahmst deine Schmuckgegenstände, Gold und Silber, das ich dir gegeben, und machtest dir Phallusgebilde (calmé zakar) und buhlest mit ihnen. Götzendienst und Unzucht (Masturbation) sind aber stets Geschwister.«

feierten, Ausdruck. Dabei führten sie bewegliche Phallusdarstellungen, »etwa eine Elle groß« und ithyphallische Darstellungen auch des Osiris mit sich, woraus sich der religiöse Bezug dieses Festes herleitet (Fruchtbarkeitsfest). Ganz allgemein galten ithyphallische Darstellungen als Zeichen der Fruchtbarkeit[20]. Um ein weiteres mehr belegen sie die kultische Bedeutung dieses Organs. Für den alten Ägypter entbehrten sie jeglicher Obszönität, entsprachen vielmehr dessen natürlicher Einstellung zu Potenz, Fertilität und Fruchtbarkeit.

5.1. Zur Bedeutung der Circumcision im Alten Ägypten

Wegen der allgemeinen Bedeutung, den die Beschneidung in Ägypten wie dem Alten Orient hatte, wobei Ägypter auf Reliefs circumcidiert zur Darstellung kommen und an Mumien durchgeführte Beschneidungen nachgewiesen werden können, erscheinen einige Erläuterungen zu diesem weit verbreiteten Eingriff notwendig. Bleibt allerdings hinzuzufügen, dass der Nachweis einer zu Lebzeiten durchgeführten Circumcision an einer Mumie nicht gerade einfach ist.

---

[20] Vorstellungen von den physiologischen Abläufen, auch der Zeugung, hatten weder die Ärzte und schon gar nicht die Bevölkerung. »Jedenfalls herrschten über die Wirksamkeit des Samens die merkwürdigsten Vorstellungen .... Besonders seltsam ist die Erzählung, wie Seth durch Verschlingen der mit dem Samen des Horus befeuchteten Lattichblätter schwanger wird und dann aus seinem Scheitel den Samen in Gestalt einer goldenen Scheibe gleichsam gebiert. Und bei der Erschaffung der ersten Lebewesen nimmt der Sonnengott seinen eigenen, durch Masturbation gewonnenen Samen in den Mund und speit ihn dann wieder aus, wodurch Schu und Tafnet als erste Götter entstehen« (Grapow, Anatomie und Physiologie, S.87).

Mit an Sicherheit grenzender Wahrscheinlichkeit war die Circumcision auch der häufigste im alten Orient durchgeführte operative Eingriff. Ebenfalls unter Schwarzafrikanern war sie verbreitet. Den im Orient lebenden Völkerschaften war die Beschneidung vertraut, die Circumcision für die Israeliten sogar kennzeichnend und obligatorisch[21]. Die Annahme, dass die Ägypter schon vor den Israeliten diese Operation durchführten, dürfte kaum zu bestreiten sein.

Über die Beschneidung bzw. deren mutmaßliche Gründe liegen bei den Ägyptern keine sicheren Angaben vor. Wenn von der Circumcision in Ägypten auch keine Bevölkerungsschicht aus-

---

[21] Das Alter der Menschen zu der bei den Israeliten die Beschneidung durchgeführt wurde, war auf den achten Lebenstag festgelegt (Genesis 17,12; vergleiche Leviticus 12,3). Gründe für Abweichungen von dem vorgegebenen Alter ergaben sich z.B. aus den in Josua 5, 2-9, Exodus 4, 24-26 und Genesis 34,24 geschilderten Vorkommnissen. Die Beschneidung sei bei allen, die männlich sind unter ihnen, an dem Fleische der Vorhaut durchzuführen (Genesis 17,10 u. 11). Ein Unbeschnittener aber habe den Bund gebrochen und » ... des Seele soll ausgerottet werden aus seinem Volk ...« (Genesis 17,14). Dies lässt die zentrale Bedeutung der Beschneidung für Identität und Leben eines jeden Israeliten deutlich werden.
Ob z.B. aber Moses beschnitten war, geht weder aus dem Bericht über dessen Geburt (Exodus 6,20), noch der Schilderung über dessen Auffinden durch die Pharaonentochter hervor, die ihn später als Sohn angenommen und ihm den Namen Moses gegeben hatte (Exodus 2, 5-10). Moses Söhne waren aber noch nicht beschnitten, als er mit ihnen und zusammen mit Zippora, seinem Weibe, dem Geheiß Jahwes folgend, zu dem Pharao aufgebrochen war, um die Israeliten aus Ägypten heraus zu führen (Exodus 3,10). Unterwegs in einer Herberge (aber), trat Jahwe Mose entgegen und wollte ihn töten. Da nahm Zippora einen scharfen Stein, schnitt die Vorhaut ihres Sohnes ab, berührte damit seine Scham und sagte:»Ein Blutbräutigam bist du mir!« Darauf ließ er von ihm ab. Damals sagte sie »Blutbräutigam« wegen der Beschneidung (Exodus 4, 24-26).

geschlossen war, so bestand zu deren Durchführung auch keine Verpflichtung. Zu bestimmten Zeiten soll diese aber für Priester (z.B. Initiationsritus) und damit auch Pharaonen, obligatorisch gewesen sein. Da die Beschneidung bei den Ägyptern hauptsächlich zu Beginn des Jünglingsalters erfolgte, so mag sie vielleicht auch einer Art von Mannbarkeitsritual oder einem Ritual des Übergangs entsprochen haben. In der Spätzeit könnte die Beschneidung auch etwas mit kultischer Reinheit zu tun gehabt haben.

Vielleicht sollte die Beschneidung auch einer besseren Körperpflege dienen. Herodot schreibt dazu (II, 37), dass die Ägypter das Glied der Reinlichkeit wegen beschneiden ließen und »*lieber reinlich sein (wollen) als gut aussehen*«. Ethnologen teilen diese Meinung weniger, da in so frühen Epochen der Hygiene kaum Bedeutung zugekommen sei. Allerdings räumten die Ägypter selbst der körperlichen Reinigung einen hohen Stellenwert ein. Hinzu kam noch und das schon sehr früh, eine hoch entwickelte, durchaus auch heute noch zu bestaunende Kosmetik.

Da die Circumcision als operativer Eingriff ausschließlich Priestern vorbehaltenen war und somit einer Kulthandlung entsprach, findet sie in medizinischen Texten auch keine Erwähnung.

Mit großer Wahrscheinlichkeit erfolgte die Beschneidung schon vorgeschichtlich. Die älteste, in zwei Szenen dargestellte Beschneidung stammt aus der Zeit der 6. Dynastie (2347-2216 v. Chr.) aus dem Grab des Priesters und Wesirs Anch-ma-Hor in Saqqara. Die dort dargestellte, üblicherweise von einem Totenpriester durchzuführende Circumcision wurde möglicherweise vom Grabherrn selbst vorgenommen. Da diese Operation den (Toten-) Priestern vorbehalten war und sich in medizinischen Texten auch keine Hinweise auf die Durchführung einer Beschneidung finden, dürfte diese damals schon einer seit langem geübten kultischen Handlung entsprochen haben. Dafür sprechen auch die zu dem Eingriff verwendeten Steinmesser[22].

Die uns heute harmlos erscheinende Circumcision wird unter den damals obwaltenden Umständen wohl kein ungefährlicher Eingriff gewesen sein.

Die ersten Probleme ergaben sich zweifellos schon aus den während der Operation auftretenden Schmerzen, und einem, eventuell durch diese verursachten Kollaps. Meist versuchten die operierenden Priester durch gutes Zureden beruhigenden Einfluss auf den Patienten zu nehmen, was freilich nicht immer gelang. Um den Eingriff aber doch zu ermöglichen, hielten letztlich ein oder zwei Helfer den Patienten während der Circumcision fest.

---

[22] Wie die Ägypter, so benützten die Israeliten zur Beschneidung ebenfalls Steinmesser (vergleiche vorne) deren Gebrauch ihnen Jahwe selbst, wie übrigens die Durchführung der Beschneidung auch, ausdrücklich befohlen hatte. Denn im Buch Josua 5,2 heißt es: »In jener Zeit (das ist der Zeitpunkt, zu dem Jahwe den Jordan versiegen ließ, um den Israeliten den Durchzug durch den Fluss zu ermöglichen, Anm. des Verf.) sprach Jahwe zu Josua: »Mache dir Messer aus Stein und beschneide wieder die Israeliten!« Josua machte sich Messer aus Stein und beschnitt die Israeliten am Vorhäutehügel … . Als man die Beschneidung des ganzen Volkes vollendet hatte, blieben sie zur Ruhe im Lager, bis sie genesen waren (Josua 5,8).

So ist denn auch in der ersten Szene der im Grabe Anchmahors dargestellten Beschneidung ein vor einem hockenden Priester stehender Jüngling zu sehen, dessen Penis gerade behandelt wird und dessen erhobene Hände ein hinter ihm stehender Helfer festhält. Im zugehörigen Text heißt es dazu, »Reibe kräftig, damit es wirksam ist.« Ob damit etwa das Auftragen einer lokal wirkenden schmerzstillenden Salbe gemeint ist, oder sich die Darstellung auf eine postoperativ durchgeführte Wundversorgung bezieht, ist nicht zu entscheiden. Für die Anwendung lokaler Anästhetika finden sich in der Literatur aber ebenso keine sicheren Hinweise, wie auf die Vergabe allgemeiner Schmerzmittel vor dem Eingriff. Deren Anwendung wird aber wohl nicht ausgeschlossen gewesen sein.

Berichtet wird auch von Überlegungen, die sich auf einen anästhesierenden Effekt im Verlauf der Anwendung von Schneidmessern aus Kalziumkarbonat beziehen, sobald diese mit Essig[23] übergossen werden. Im Verlauf einer dadurch ausgelösten chemischen Reaktion wird nämlich Kohlensäure freigesetzt, die vermutlich durch ihre unterkühlende Wirkung einen schmerzlindernden Effekt auslösen soll. Es liegen aber keine Berichte vor, ob dieses Verfahren jemals im Verlauf einer Circumcision Anwendung gefunden hat.

Als mitunter problematisch wird sich auch die Stillung im Verlauf der Beschneidung aufgetretener Blutungen erwiesen haben. Zwangsläufig stellt sich dabei die Frage nach der Art ihrer Be-

---

[23] Im Verlauf des Neuen Reiches wurde Essig bekannt. Über dessen damalige Verwendung liegen keine Berichte vor.

handlung. Es steht zu vermuten, dass auch damals schon die Kompression der blutenden Gefäße zu den probaten Mitteln der Blutstillung zählte. Die Blutung zu stillen wird auch dann besonders schwierig gewesen sein, wenn es etwa als Folge eines Kunstfehlers zu einer Läsion oder gar Teilresektion der Glans gekommen war.

Wenn auch konkrete Angaben zu einer »medikamentösen« Blutstillung fehlen, so findet sich im Papyrus Ebers immerhin ein Rezept für ein Mixtum, das zur Blutstillung bei Circumcisionen gedient haben könnte. Es beinhaltet Koloquinten, unter denen die ägyptischen Colocynthiden eine Sonderform bilden. Diese enthalten einen starken Bitterstoff, der durch Säuren in Zucker und harzartiges Colocynthein gespalten wird. Hinzu kommt Fischbein (Sepiidae), ferner Sykomoren, eine in Ägypten heimische Feigenart und eine »djais« genannte Frucht, deren Namen zu übersetzen noch nicht gelang. Angaben über die Anwendung oder gar einen Erfolg dieser Mixtur liegen nicht vor.

Kein Zweifel kann aber auch darüber bestehen, dass zu einer Zeit, die von Asepsis keine Kenntnis hatte, nach Beschneidungen Wundinfektionen unterschiedlichster Ausprägung und Art bis hin zur Sepsis mit tödlichem Ausgang aufgetreten sind.

Schriftliche Aufzeichnungen über bestimmte, postoperativ nach Beschneidungen aufgetretene Komplikationen finden sich nicht. Fehlen ägyptische Zeugnisse, so wird das Alte Testament zu einer unverzichtbaren Quelle der Information.

So findet sich z.B. im Buche Genesis 34, 25 der Hinweis auf ein bei den beschnittenen Israeliten am dritten Tag aufgetretenes

Wundfieber (Wundinfektion?), das damals ziemlich charakteristisch gewesen sein dürfte. Nach Josua 5,8 blieben die Beschnittenen auch so lange im Lager, bis sie genesen waren. Dies wiederum lässt darauf schließen, dass die Beschnittenen nach dem Eingriff »krank« geworden waren, es also zu Komplikationen gekommen war. Das schon vorgenannte »Wundfieber« dürfte dabei bedeutsam gewesen sein. Wundinfektionen bzw. Wundheilungsstörungen aller Art und Ausprägung wird es damals sicherlich auch, und nicht zu selten, gegeben haben. Nachblutungen werden vermutlich ebenfalls mit zu den schwereren Komplikationen gezählt haben.

Strabo[24] berichtet neben der Circumcision von Knaben auch von einer »Ausschneidung« der Mädchen, was sich auf die Entfernung der Clitoris und die (eventuell auch partielle) Resektion der kleinen Labien bezog. Solche Eingriffe sind auch heute noch in bestimmten Gebieten üblich, oft zusammen mit einer Infibulation. An Mumien wird es kaum möglich sein, entsprechende Befunde zu erheben, da die weiblichen Genitalien im Zusammenhang mit der Entfernung der »Eingeweide« meist beschädigt, beseitigt bzw. unkenntlich gemacht wurden. Die Erwähnung »unbeschnittener Jungfrauen« bestätigt so im Umkehrschluss indirekt die Durchführung der Beschneidung auch von Mädchen und Frauen.

---

[24] Strabon (lat. Strabo) geb. 63/64 v. Chr. in Amaseia (Türkei; nordöstl. Kleinasien; seit Mithridates d. Gr. Sitz d. Könige von Pontus), gest. frühestens 23 n. Chr.; Geschichtsschreiber und Geograph (Geographika); 25/24 besucht er Alexandreia und bereist den Nil bis Syene; Bd. 17 seines geografischen Werks befasst sich hauptsächlich mit Ägypten.

Aus der Tatsache, dass die Beschneidung nicht Ärzten oblag und diese deshalb in den Papyri auch keine Erwähnung findet, fehlen uns genauere Kenntnisse über die Art und Weise ihrer Durchführung und deren Komplikationen.

Die Bedeutung der Beschneidung für das jüdische Volk und eine durch die Tradition zu erwartende Fixierung ihres Ablaufs als kultische Handlung könnte es vielleicht doch erlauben, aus der Art ihrer im 19. Jahrhundert praktizierten Durchführung gewisse Rückschlüsse auch auf deren Handhabung in geschichtlicher Zeit zu ziehen.

Hierzu erscheint als besonders geeignet eine von Löwenstein herausgegebene, sehr ausführliche medizinische Publikation (siehe Literaturverzeichnis), die die Durchführung der Beschneidung in der zweiten Hälfte des 19. Jahrhunderts zum Inhalt hat.

Auf S. 813 seiner Publikation geht Löwenstein zunächst auf die fehlende Asepsis im Zusammenhang mit der Durchführung der Beschneidung ein:

Ohne vorausgegangene Desinfektion der Hände des Operateurs (Mohel) oder des Operationsgebietes selbst, »erfasst er das kindliche Glied, zieht die Vorhaut an, erhebt die Falte derselben, die er in ein Zängelchen einklemmt; das zwischen den Branchen vorstehende Stück schneidet er mit einem Messer, das beliebig geformt sein kann ... ab und legt alsdann Messer und Zänglein beiseite. Die frische Wunde wäscht der Mohel mit Wein aus und schreitet alsdann zum zweiten Hauptakt der ›Operation‹, dem Einreißen der Vorhaut; den Einriss bewirkt er in der Weise, dass er das innere Vorhautblatt zwischen die beiden Daumen fasst und mit dem eigens zu diesem Zwecke in Form einer Lanzette zurechtgeschnittenen Daumennagel einreißt. Auch das vollzieht sich ohne irgendwelche ernsthafte Desinfektion der Hände. Jetzt wird die Wunde mit abgekochtem Wasser bespritzt und ein Compressivverband angelegt, der aus zwei Leinenläppchen besteht, zwischen welchen ein Flanellläppchen liegt ... Ein sehr gefährliches Beiwerk erhält der Akt durch einen Brauch, der ... auch heute noch geübt wird, ich meine die Mezizah, das Aussaugen der Wunde durch den Mund des Mohel ...«

Das Aussaugen der Wunde wurde bei den Juden im 5.Jh. n. Chr. üblich. Nach erfolgter Akzeptanz dieser Prozedur durch Maimonides[25] gewann die Mezizah weite Verbreitung. Mit den schärfsten Worten geißelt Löwenstein die Anwendung der Mezizah als einen »aller Hygiene und aller Ethik Hohn sprechenden Missbrauch ...«.

Auch sind die von den Mohelim angewandten Mittel zur Blutstillung »... die abergläubischsten, die je der Unverstand des Volkes ersonnen hat. Vom Spinngewebe ganz abgesehen, ... halte ich es für interessant, hervorzuheben, dass neben ›Brennöl‹ ein Präparat sich besonderer Beliebtheit in der Anwendung als Blutstillungsmittel bei der rituellen Circumcision erfreut, in welchem die moderne Wissenschaft einen vorzüglichen Träger zahlreichster Keime und gleichzeitig vorzüglichen Nährboden

---

[25] Maimonides Moses, 1135-1204, Rabbi, Philosoph, Gelehrter und Arzt, bedeutendster jüd. Religionsphilosoph des Mittelalters. In der Medizin folgte er den Anschauungen Galen's.

für deren Entwicklung kennt, das Bestreuen mit »Brotmehl« (verriebenes Brot). »Immerhin geschah dies alles«, so Löwenstein, bereits im Verlauf der »Aera Lister[26]«.

Hieran schließt Löwenstein die Aufzählung der nach solchen Beschneidungen von ihm festgehaltenen schlimmen und schlimmsten, sogar tödlich verlaufenen Komplikationen an. Eine entsprechende Dokumentation (Kasuistik) fügt er bei. Auch Kunstfehler erörtert Löwenstein und geht dabei z.b. auf Schwierigkeiten der Stillung einer diffusen Blutung ein, wie diese im Zusammenhang mit einer versehentlichen Teilresektion der Glans im Verlauf einer Beschneidung aufgetreten war.

Deshalb entzieht es sich wohl auch weitgehend unserem Vorstellungsvermögen, welche Komplikationen und in welcher Ausprägung (z.B. auch Kunstfehler) im Laufe der Jahrtausende im Zusammenhang mit den, nicht nur von Juden geübten, (rituellen) Beschneidungen aufgetreten sind und in welcher Weise deren Behandlung erfolgte.

Dies um so mehr, da ihnen auf weite Strecken rituell vorgegebene, magisch geprägte Auffassungen, auch solche medizinischer Betreuung, zugrunde liegen, die sich unserem heutigen Verständnis entziehen. Legt man den Bericht Löwensteins zugrunde, eröffnet sich uns rückblickend ein, cum grano salis, horribles Szenario.

---

[26] Sir Josef Lister, 1827–1912; Entwickelte die antiseptische Wundbehandlung mit Karbol (Phenol); Okklusivverband.

6. Einige Bemerkungen zur Bestattung von Mumien

Bestattungen variierten in ihrer Durchführung je nach Ort und sozialem Stand des Toten. Mithin konnten sie sowohl sehr einfach gestaltet sein, wie auch prunkvoll verlaufen.

In der Balsamierungshalle nahmen die Trauerfeierlichkeiten ihren Anfang. Angehörige und Freunde formierten sich zu einem Trauerzug, um den mumifizierten Toten unter Wehklagen, Gebeten und vom Priester durchgeführten Räucherungen zum Grab zu begleiten. Mitgeführt wurden zahlreiche Grabbeigaben, die dem Verstorbenen im Jenseits nützlich sein sollten.

In Oberägypten (Theben) bestand die Sitte, gemeinsam mit dem blumengeschmückten Sarkophag in einer Barke den Nil zu überqueren (vergleiche u. Diodor 92 und von Tott), um ihn dann auf einen von Ochsen gezogenen Schlitten umzuladen und durch den Sand zum Grab zu transportieren. Begleitet wurde der Sarg auch dort von betenden und räuchernden Priestern und klagenden Angehörigen und Freunden.

Am Grabeingang angekommen folgten die letzten Rituale. Das hier vorzunehmende Mundöffnungsritual wurde dort zum zweitenmal durchgeführt, nachdem es in der Balsamierungshalle schon einmal erfolgt war. Dieses Ritual, eine Art spiritueller Wiederbelebung, zielte darauf ab, die Betätigung von Mund und Augen, also essen, trinken, sprechen und sehen, wieder zu ermöglichen. Damit war der mumifizierte Körper bereit, der Seele als Ort der Ruhe zu dienen. Begleitet wurde dieses Ritual von einer Reihe kultischer Handlungen, darunter auch einem als »Zerbrechen der roten Vasen« benannten Zeremoniell.

Nach Schließung der Grabanlage begab man sich zum Leichenschmaus.

7. Historische Berichte zur Mumifizierung von Herodot, Diodor und Abdallatif

Erste Schilderungen der Mumifizierung stammen von Herodot(os) (s. Kapitel 2.1.; geboren ca. 485 vor Chr. gestorben ca. 425 vor Chr.) und etwa 500 Jahre später von Diodor(os) Siculus (s. Kapitel 3.1.; lebte im 1. Jahrhundert vor Chr.) Annähernd weitere tausend Jahre danach beschreibt der arabische Arzt, Gelehrte und Ägyptenkenner Abdallatif (Abd-al-Latif; s. Kapitel 7.3.; geboren 1162 (1163) nach Chr., gestorben 1231 (1232) nach Chr.) die von ihm zu seiner Zeit im Zusammenhang mit Mumien gewonnenen Erkenntnisse.

Alle diese Schilderungen von Herodot, Diodor und Abdallatif einschließlich der von Tott sind nicht mehr als Reiseberichte. Deshalb auch können sie weder Anspruch auf Fehlerfreiheit noch Vollständigkeit erheben.

7.1. Der Bericht Herodot's

Im II. Band seiner berühmt gewordenen »Historien« schildert Herodot seine im Verlauf einer Ägyptenreise mit Land und Leuten gemachten Erfahrungen und äußert sich, sehr gut informiert, auch zu den dort stattgefundenen Mumifizierungen. Diese waren zu dieser Zeit nicht mehr Vorrecht der Pharaonen und hoher Würdenträger, sondern jeder Familie, die es sich leisten konnte, zugänglich.

Herodot's Darstellung der Mumifizierung in Buch II der »Historien« lautet:

»85 Mit Totenklage und Begräbnis steht es bei ihnen so. Ist in einem Hause jemand verschieden, der etwas gilt, so schmiert sich alles, was weiblichen Geschlechts ist in diesem Haus, den Kopf mit Lehm ein und auch das Gesicht, und dann lassen sie den Leichnam im Haus, selber aber laufen sie die Stadt auf und ab und schlagen sich, wobei sie das Gewand unter der Brust gürten und die Brüste frei lassen, und mit ihnen alle verwandten Frauen. An anderem Ort klagen und schlagen sich die Männer, auch sie mit entblößter Brust. Haben sie das getan, bringen sie ihn gleich zum Einbalsamieren.

86 Es gibt nun Leute, die eben dazu da sind und diese Kunst in ihrer Hand haben. Die zeigen, wenn der Tote zu ihnen gebracht wird, denen, die ihn bringen, Muster von Leichen, aus Holz und recht natürlich bemalt, und eine Art empfehlen sie als die sorgfältigste; nach wem dieses Verfahren aber seinen Namen hat, den zu nennen scheue ich mich; eine zweite Art zeigen sie vor als nicht so vollkommen wie die erste und billiger, eine dritte aber als billigste. Die zeigen sie und erkundigen sich bei ihnen, welche von diesen Behandlungen sie für ihre Leiche wünschten. Die einigen sich nun auf einen Preis und gehen davon, die aber bleiben in ihrer Werkstatt zurück, und machen

sich ans Balsamieren. Ist es die anspruchsvollste Art, geht das so vor sich. Zuerst ziehen sie mit einem Eisenhaken das Gehirn durch die Nasenlöcher heraus, doch entfernen sie nur einen Teil auf diese Weise, den anderen durch Essenzen, die sie eingießen. Darauf machen sie mit einem scharfen äthiopischen Stein einen Schnitt längs der Weiche und holen nun Stück für Stück alle Eingeweide aus dem Innern heraus, und haben sie das Innere gereinigt und mit Palmwein ausgewaschen, wischen sie es nochmals mit zerstoßenen Spezereien aus. Darauf füllen sie die Höhlung mit gereinigter zerstoßener Myrrhe und Kasia und den anderen Spezereien mit Ausnahme von Weihrauch, und nähen sie wieder zu. Sind sie damit fertig, legen sie die Leiche in Natron ein und lassen sie siebzig Tage darin stehen; sie länger einzulegen ist ihnen nicht gestattet. Sind die siebzig Tage um, waschen sie die Leiche und wickeln dann den Leib ganz in Binden, die sie aus feinem Byssosleinen und mit Gummi bestreichen; den braucht man in Ägypten sehr häufig statt des Leims. Nun nehmen ihn die Angehörigen in Empfang und lassen eine Form in Menschengestalt machen, und ist die fertig, legen sie die Leiche hinein, und wenn sie sie auf diese Art verschlossen haben, heben sie sie als Kostbarkeit im Grabgemach auf, indem sie sie aufrecht gegen die Wand stellen.

87 Das ist die kostspieligste Art, die Leichen herzurichten, wünscht man aber die mittlere und scheut die Kosten, richten sie sie so her: Sie füllen Klistierspritzen mit Saft, den man von Zedern gewinnt, und drücken ihn ins Innere der Leiche, ohne sie aufzuschneiden und das Eingeweide herauszunehmen, sondern führen sie im Gesäß ein, verschließen der Flüssigkeit den Ausweg, und dann legen sie die Toten die bestimmten Tage ein, am letzten Tag aber lassen sie den Zedernsaft, den sie hineinge-

drückt hatten, wieder heraus. Der hat solche Kraft, dass er die Gedärme und Eingeweide völlig zersetzt mit herausbringt. Das Fleisch aber wird vom Natron vertilgt, und übrig bleiben von der Leiche nur Haut und Knochen. Sind sie damit fertig, geben sie so die Leiche zurück, ohne noch mehr mit ihr anzustellen.

88 Die dritte Art Einbalsamieren, mit der man die Ärmsten zurichtet, ist folgende: Sie spülen den Bauch mit einem scharfen Purgiersaft, legen sie siebzig Tage ein und liefern sie so zum Abholen aus.

89 Frauen angesehener Männer aber geben sie, wenn sie gestorben sind, nicht sofort zum Balsamieren, auch die Frauen nicht, die sehr schön oder von größerer Bedeutung sind, sondern lassen sie erst drei vier Tage alt werden und übergeben sie dann erst den Balsamierern. Das machen sie deswegen, damit die Balsamierer den Frauen nicht beiwohnen. Es soll nämlich einer dabei ertappt worden sein, wie er mit einer frischen Frauenleiche Umgang hatte, und sein Mitarbeiter habe es angezeigt.

90 Findet man aber einen Toten, ob einen Ägypter oder einen Fremden, dem man ansieht, dass er von einem Krokodil gerissen ist, oder durch den Fluß selber umgekommen, so sind die bei deren Stadt er angeschwemmt ist, streng gebunden, ihn einzubalsamieren und prächtig auszustatten und in heiligen Gräbern beizusetzen ... die Priester des Nils selber bestatten ihn mit eignen Händen, da er mehr sei als bloß ein toter Mensch ...«

Eine von Herodot (II, 78) erwähnte, den Wohlhabenden unter den alten Ägyptern nach Beendigung von Festessen eigene Gepflogenheit erscheint insofern erwähnenswert, da sie darin bestand, dass »... ein Mann, wenn sie mit dem Essen fertig sind, in einem Sarg einen Toten ..., aus Holz geschnitzt, möglichst naturnah in Bemalung und Form, etwa eine Elle lang oder auch zwei (herumträgt) und ... ihn jedem der Trinkgenossen vor (-zeigt) und (dazu) spricht: ›Schau den an und trink und freue dich. Denn bist Du tot, bist du wie der‹.«

7.2. Der Bericht von Diodoros

Diodoros schildert im 1. Buch, 91 seiner »Griechischen Weltge-schichte« etwas verwundert, aber anschaulich

»1) ... welch eigenartige Sitten bei den Ägyptern bezüglich ihrer Totenbestattung herrschen. Sobald nämlich ein Ägypter stirbt, bestreichen dessen Angehörige und Freunde ihr Haupt mit Lehm und gehen jammernd in der Stadt herum, bis der Leich-nam bestattet wird. Weder waschen sie sich, oder nehmen Wein zu sich noch ziehen sie helle Kleidung an.

2) Es gibt drei Arten der Bestattung, eine sehr kostbare, eine mittlere und eine ziemlich bescheidene. Für die erste haben sie, wie es heißt, ein Silbertalent aufzuwenden, für die zweite 20 Minen, für die dritte aber nur eine ganz geringe Summe. 3) Die Leichenbesorger bilden einen Beruf, der in der ganzen Familie fortgeerbt wird. Sie legen den Angehörigen des Verstorbenen ei-ne Liste vor, die alle Posten der Rechnung für die Bestattung enthält, und fragen an, welche Art der Leichenbestattung ge-wünscht wird. 4) Hat man denn alles abgemacht, so nehmen sie den Toten mit und übergeben ihn den zur Behandlung bestimm-

ten Leuten. Die Leiche wird nun zuerst auf den Boden gelegt, dann markiert der Schreiber an der linken Weiche, wie viel herausgeschnitten werden soll. Als nächstes schneidet nun der so genannte Ausschneider mit einem äthiopischen Stein in das Fleisch hinein, soweit das Gesetz dies vorschreibt, und rennt sofort dann davon; das gleiche tun auch die dabei Stehenden, wobei sie mit Steinen nach ihm werfen und Verwünschungen ausstoßen, so als ob sie Schuld auf ihn laden wollten. Sie glauben nämlich, dass der Hass verdient, der dem Körper eines Mitmenschen Gewalt antut, ihn verletzt und überhaupt ihn irgendwie übel zurichtet. 5) Die so genannten Balsamierer hingegen gelten aller Ehren und Achtung wert, verkehren mit den Priestern und dürfen als Reine ungehindert auch die Tempel betreten. Wenn sie sich zur Behandlung des aufgeschnittenen Körpers versammelt haben, führt einer seine Hand durch den Schnitt hindurch in den Brustkasten des Toten ein und reißt mit Ausnahme von Herz und Nieren alle Innereien heraus. Ein anderer wiederum wäscht jedes Stück dieser Eingeweide mit Palmwein und Riechstoffen. 6) Auf jeden Fall gehört es sich, zuerst den ganzen Leib dreißig Tage hindurch mit Zedernöl sorgfältig zu salben; darauf wird er mit Myrrhen, Zimt und anderen Stoffen behandelt, die nicht nur lange Dauer, sondern auch Wohlgeruch garantieren. Dann geben sie den Leichnam den Verwandten zurück. Kein Glied des Körpers ist irgendwie beschädigt, so dass selbst Haare und Augenbrauen oder Wimpern erhalten bleiben, das Ansehen des Körpers unverändert ist und man die Eigentümlichkeit der Gestalt noch gut erkennt. 7) Aus diesem Grunde bewahren viele Ägypter ihre Toten in kostbar ausgestatteten Häusern auf und sehen so ihre Vorfahren von Angesicht zu Angesicht, obwohl sie bereits viele Generationen vorher starben, ehe sie selbst geboren wurden. Ja in der Tat scheint ihnen die Betrachtung von Körpergröße, Umfang und dazu der Gesichtszüge, gleichsam als wären sie selbst Zeitgenossen dieser Toten gewesen, eine Art perverses Vergnügen zu bereiten.

Buch 92,

1) Wenn es soweit ist, dass der Leichnam bestattet werden soll, kündigen die Angehörigen den Begräbnistag den Richtern, den Verwandten und den Freunden des Toten an. Sie tun dies mit der Formel, der ... wolle über den See gehen. 2) Wenn sich dann 40 + 2 Richter zusammengefunden und am jenseitigem Ufer auf einem eigens dazu aufgestellten halbkreis-förmigen Gerüste Platz genommen haben, wird der von eigens dazu bestimmten Leuten vorher hergerichtete Kahn ins Wasser gelassen. Auf ihm steht der Fährmann, den die Ägypter in ihrer Sprache Charon nennen. 3) Deshalb soll auch Orpheus erst nachdem er einst auf seiner Reise nach Ägypten gekommen war und diesen Brauch sah, seine Erzählung vom Hades erdichtet haben, wobei er sich teils an das Vorbild hielt, teils eigenes hinzu erfand. ... 4) Ist nun der Kahn zu Wasser gelassen, so erlaubt es der Brauch, ehe der Sarg mit dem Toten auf ihn gebracht wird, jedem, der den Toten anzuklagen hat, dies zu tun. Und wenn nun jemand hinzutritt, Vorwürfe erhebt und beweist, dass er ein verbrecherisches Leben geführt habe, so müssen die Richter urteilen und dem Toten kann die Bestattung in der üblichen Begräbnisstätte verweigert werden. Scheint hingegen der Ankläger ungerechte Vorwürfe erhoben zu haben, so fällt er strenger Strafe anheim. 5) Falls aber nun ein Kläger nicht auftritt oder ein solcher als Verleumder erkannt wird, so legen die Angehörigen ihre Trauer ab und preisen den Verstorbenen. Hierbei fällt aber über seine Abstammung, anders als bei den Griechen, kein Wort, denn die

Ägypter glauben, alle gleichmäßig von edler Herkunft zu sein. ... 6) Den Leichnam selbst bringen jene, die private Grabstätten besitzen, in das für ihn bestimmte Grab; diejenigen, die kein Grab besitzen, errichten in ihrem Hause einen neuen Raum und lehnen in diesem den Sarg aufrecht an die festeste der Wände. Aber auch die Toten, die nicht begraben werden dürfen, etwa wegen einer Anklage oder aber weil sie wegen einer Schuld verpfändet sind, bestatten sie im eigenen Hause. Und oftmals werden sie erst durch Kindeskinder, die es zu guten Verhältnissen gebracht haben, von Schuld oder Anklage erlöst und einer prächtigen Bestattung für würdig befunden.«

7.3. Der retrospektive Bericht Abdallatif's

Abdallatif (Abd al-Latif) Bin Jussuf Bin Muhhamed Elbaghdadi, geboren 1162 (1163?) in Bagdad, gestorben 1231 (1232?), galt als großer arabischer Gelehrter und Arzt, der sich insbesondere mit Ägypten befasste. Bezug wird hier genommen auf ein von Abdallatif verfasstes und von S. F. Günther Wahl aus dem Arabischen übersetztes und 1790 in Halle herausgegebenes Buch. Die arabische Originalausgabe hatte Abdallatif dem damaligen Kalifen von Baghdad, Alnafer Ledinllah, dediziert. »Dieser Chalif regierte ... in den Jahren der Flucht 575 bis 622, nach christlicher Zeitrechnung 1178 – 1225 .... Der Inhalt dieses Buchs ist ... in vielem Betracht wichtig und desto zuverlässiger, weil der Verfasser sich lange Zeit in Egypten aufgehalten hat und ein fleißiger Beobachter gewesen ist.«

Ergänzt hat Wahl den vierten Abschnitt dieses Werkes durch einen aus den Nachrichten des Barons von Tott herausgegebenen Anhang (siehe Abschnitt 3.2.).

Hauptsächlich beschäftigt sich Abdallatif in seinem Werk mit dem »... Naturreich und (der) physische(n) Beschaffenheit des Landes und seiner Einwohner, Alterthumskunde, Baukunde und Ökonomie ...«. Erst gegen Ende des Buches erörtert er die Pyramiden und Probleme des Todes im alten Ägypten. Er kommt auf die ungewöhnlich große Zahl der ihm gezeigten Mumien zu sprechen und bewertet in diesem Zusammenhang die Wirksamkeit von Bitumen und Asphaltos. Sehr beeindruckt zeigte er sich von den damals stattfindenden Grabräubereien und dem Trend, die Mumien zu einer Handelsware verkommen zu lassen.

Tott geht in dem von ihm verfassten Anhang zum vierten Abschnitt auf »... ägyptische Begräbnißstätten und Piramiden«, ein. Er schildert unter anderem auch die Mumifizierung und die einzelnen der zur Verwendung kommenden Mumia-Arten. Eine Reihe anderer Vorkommnisse kommen gleichfalls, zum Teil auch sehr detailliert, zur Darstellung. Seinen Beitrag beschließt er mit einer Schilderung des Totengerichts und der Grablegung. In dem Abschnitt, in dem Abdallatif auf alte Denkmäler Ägyptens eingeht, kommt er auch auf Grabräubereien zu sprechen. So berichtet er (S. 221 ff.), dass »... sie Fana unter der Erde entdeckten, die von sehr geräumigen Umfang waren, und aus vesten Gebäuden bestunden, worinne todte Körper der alten Ägyptier ohne Unterschied der Geburt, des Standes und der Würde, und in großer Zahl unter einander lagen. Sie waren in hanfleinene Todtentücher eingelegt, so bei jedem Kadaver ohngefähr die Länge von tausend Ellen hatten. Alle Glieder, jedes besonders als z.B. Hand, Fuß, Finger, waren mit schmahlen Windelbändern oder Bandagen bedecket und umwunden, unter welchen Banden sich der verschrumpfte Kadaver wie eine große Leibesfrucht verhüllt fand. Wer sich von den Arabern, den Einwohnern des Rif und anderen in diese Begräbnistempel wagte; plünderte jene Todtentücher, und was er davon brauchbar fand, schnitt er zu Kleidern zu, oder verkaufte es an die Schreiber, die hernach Krämerbücher daraus machten. Von den Kadavern lagen einige in Särgen von bestem Sykomorusholz[27]; andere fand man in steinernen Sarkophagen, deren Materie entweder weisser (parischer) Marmor oder Basaltes und Granit war (S. 222). Einige waren in Tröge und Urnen eingelegt, die man mit Honig gefüllt hat ... Sie hätten dieselbe (Vase) geöffnet, und siehe da, sie wäre voll Honig gewesen. Als sie nun gelüstet hätte, davon zu essen, so wäre an dem Finger des Einen von ihnen Haar hängen geblieben. Dadurch wären sie aufmerksam geworden und hätten an dem Haar gezogen und so wäre ihnen ein kleiner Knabe zum Vorschein gekommen, dessen Glieder noch vollkommen zusammengehangen, und der Leib noch ganz weich und frisch gewesen wäre. Um ihn herum hätte man noch einigen Schmuck von Juwelen und Edelgesteinen gefunden.

Übrigens findet man an den Stirnen, auf den Augen und Nasen der Todtenkörper, die hier angetroffen werden, Goldblätter, womit diese Theile wie mit einer Schale bedeckt sind (S. 223). Bei weiblichen Kadavern trift man dergleichen Blätter von Gold auch über den Schamteilen an. Ja zuweilen bedeckt eine solche dünne Rinde von Gold den ganzen Leichnam wie eine Membrane ... Zuweilen ist ihnen etwas mitgegeben, was ihnen in ihrem Leben besonders angenehm gewesen oder sie vornehmlich beschäftigt hat.«

---

[27] Ficus sycomorus, Maulbeerfeigenbaum, bis zu 15 m hoch mit einem bis zu 1 m dickem Stamm. Wegen seines fast unverrottbaren Holzes u.a. zur Anfertigung von Sarkophagen im Alten Ägypten verwendet.

Auch hätten sie drei Gräber entdeckt (S. 224 ff.), »... In dem Munde hätte ein jeder dieser drei Todten ein goldenes Fischchen gehabt ... In den Bäuchen und Hirnen der Kadaver, von denen wir bisher gesprochen haben, findet sich das, was man Mumie zu nennen pflegt, und zwar in sehr großer Menge ... (S. 226). Die Mumie ist schwarz von Farbe, wie Judenpech ... Und großentheils sind Pech und Myrrhen die Bestandtheile solcher Mumie. Allein die richtige Mumie läßt sich aus den Gipfeln der Berge, auf Wasserquellen und Bäche herab, gerinnet und verkittet dann zu einer Masse wie Pech und Asphalt. ...

(S. 227) ... Von dieser wahren Mumie unterscheidet sich nun dasjenige, was man unter demselben Namen in dem Inwendigen der egytischen Kadaver findet, wenig oder gar nicht, und man pflegt daher, wenn die erstere schwehr zu erhalten ist, oder es ganz daran gebricht, die letztere zu gebrauchen, (und darf die gleiche Wirkung davon erwarten). ...

... Zu den wundersamsten Erscheinungen, welche einem aufmerksamen Beobachter in den egyptischen Grabstätten aufstoßen, gehören allerlei Tiere von verschiedenem Geschlecht und Gattung ....«

(S. 228) In einer Urne hätten sie »... Fingerslange in Leinwand gewickelte Dinge gefunden. Diese hätten sie begierig aufgerissen und abgelößt, worauf Ziret oder kleine Fischchen zum Vorschein gekommen, ... und sobald sie an die Luft gebracht worden, in Staub zerfallen wären.«

So weit Abdallatif.

7.4. Der retrospektive Bericht von Tott's

»(S. 236) Mit Sorgfalt untersuchte ich die Katakomben, die Begräbnißpläzze Alexandriens. Sie kommen denen des alten Memphis nicht gleich, welche durch die Araber den Neugierigen verheelt werden um die Mumien um so gewisser an sie abzusezzen. Da indes überall die Gattung des Einbalsamierens gleich war, so kann hier der Unterschied blos darin bestehen, dass die Gräber nach verschiedenen Verhältnissen erbaut waren. Die Natur hat diese Gegend jene hohe Felsbank versagt, woraus oberhalb dem Delta die Ufer des Nil bestehen. Die alten Einwohner Alexandriens mußten also, wenn sie diese nachahmen wollten, zuvor einen hohlen Weg in die Fläche eines Felsens aushauen, wo Nekropolis von ihnen angelegt wurde ... (S. 237) Es sind alhier vier ekkigte Löcher von zwanzig Zoll an jeder Seite, die sechs Fuß tief in den Felsen gehen, die eins von dem andern durch eine sechs bis acht Zoll breite Wand geschieden, die man in den Felsen stehen ließ; ... Man kann aus dieser Einrichtung urtheilen, dass jede Mumie mit den Füßen zuerst in ihr Loch geschoben wurde, und dass man nach dem Verhältniß, wie die Einwohner dieser Todtenstadt sich vermehrten, mehrere Gänge darin eröfnete ...«

Tott befasste sich auch mit den Katakomben von Gisa, die ein ähnliches Bild boten. Er beschreibt z.B. eine »ungeheure Höhlung« in einer Pyramide in die man ihm Einblick gestattete, »(S. 239) woraus die Araber die Mumien holen, womit sie handeln ...«

Tott äußert sich dann zum »(S. 247) ... Gebrauch der Mumie (siehe im Folgenden) in der Medicin (der) in den vorigen Zeiten sehr geschätzt worden ist, ob man sich ihrer gleich heutzutage bei so vielen anderen wirksamen Mitteln nur wenig bedient ...«

Tott befasst sich im weiteren Verlauf seines Beitrages unter anderem auch mit Ansichten, die den Einfluss der Einbalsamierung auf die Anatomie betreffen, referiert über die Praxis der Mumifizierung und einiger damit verbundenen Bräuche, erwähnt die in Persien geübte Einbalsamierung mit Wachs um hinzuzufügen dass man »(S. 250) ... Unter dem Wachs ... (seines) Erachtens aber nicht blos gemeines Wachs, das vielleicht zur weniger kostbaren Einbalsamirung der mehrsten Körper gebraucht ward, sondern auch, vornehmlich bei königlichen und fürstlichen Leichnamen, jenes Bergwachs verstehen wird, das die genuiene Mumie ist ...«.

Bezogen auf den Ablauf der in Ägypten üblichen Mumifizierung erwähnt Tott des Weiteren, dass man »(S. 258) ... zuweilen die Gedärme, nachdem man sie gereinigt, mit Palmwein oder anderen wohlrichenden Wassern abgewaschen und mit gestoßnen Specereien abgerieben, in die Höhlung des eben so geläuterten Bauches wiederum eingelegt (hat). Hernach wurde der Bauch mit Mumia ingleichen mit gestoßner unvermischter Myrrhen, Kassia und anderen wohlriechenden Specereien, deren Composition uns, ... nicht genau bekannt ist, wobei aber der Weirauch ausgeschlossen war, angefüllet und dann wiederum zugenehet ... Wenn das vorüber war, so wurde der Körper noch ... mit zerlassener Mumia und Cederöl oder auch Asphalt und anderen dergleichen Ölen gesalbt und eingerieben, ...«

»(S. 259) ... Ehe ich die (bisher beschriebene Art der Mumifizierung) verlasse, muß ich nur noch etwas von der dabei angewandten Mumia, als der wesentlichsten Ingredienz hinzufügen. Die bei dieser Art des Einbalsamierens gebrauchte Mumia war ohne Zweifel von verschiedenem Werth, nachdem die Balsamirung viel oder wenig kosten sollte. Zu königlichen Leichen wurde wol allezeit der edelste Bergbalsam oder Mumia nativa primaria gebraucht, wenn diese auch ihrer Kostbarkeit und Seltenheit wegen mit Mumia nativa secundaria und mit Mumia artificialis nobilissima versezt wurde.

Andere fürstliche und priesterliche Leichen werden auch wol mit Mumia secundaria und Mumia artificialis nobilissima allein haben müssen zufrieden sein. Die übrigen vornehmen Leichname und Körper der Reichen scheinen sich oft mit Mumia pissasphaltus und mit der Mumia artificialis ignobilior begnügt zu haben. Ich muß mich über alle diese Species von Mumia näher erklären. Die Mumia der Alten war zweierlei Nativa und Artificialis. I) Mumia nativa oder der eigentliche Bergbalsam, den die alten Ägyptier nach der allgemeinen Sage des Orients zur Einbalsamierung ihrer königlichen, fürstlichen und vornehmen Leichname gebraucht haben, und von welchem ... (oben) die Rede ist, ist dreifach, Primaria, Secundaria und Pissasphaltus ...«.

Tott berichtet ferner über die Wickelung der Mumien mit über 1000 Ellen Binden und die damit verbundene Ausgestaltung von Gesicht, Körper und Füßen. Außerdem schildert er das Totengericht (vergleiche Diodor 7/92) am See Möris mit dem gedachten Fährmann Charon, die Versammlung der 40 Richter zum Consessus und den Richterspruch (siehe Abschnitt 3.2.). Der Autor beschließt seinen Beitrag mit der Grablegung der Mumie.

8. Über die »Mumia« als Heilmittel

Die Geschichte der Mumia war im Laufe der Jahrhunderte eine wechselvolle. Erst im 20. Jahrhundert verfiel sie der Bedeutungslosigkeit. Im Zusammenhang stand sie mit dem wohl größten Grabraub der Vergangenheit.

Mit Mumia (Mumyja) war ein persisches Erdwachs von großem Wert gemeint, das Verwendung auch in der Medizin gefunden hatte. Diesem wurden ungewöhnliche Heilerfolge nachgesagt. Der Preis für dieses Produkt war so unangemessen hoch, dass das persische Erdwachs letztlich nur einem fürstlichen Personenkreis vorbehalten blieb.

Der Mumia ähnlich, auch in ihrer Anwendung, war ein im Orient vorkommendes »Erdpech«, das die Griechen als Asphaltos (»Judenpech«) bzw. Pissasphaltos (Dioskurides, griech. Arzt im 1. Jahrhundert nach Chr.) bezeichneten. In der griechischen und arabischen Medizin hatten diese Substanzen zur Behandlung verschiedener Erkrankungen einen sehr hohen Stellenwert. Bezogen auf ihre vermeintliche therapeutische Wirksamkeit wurden letztendlich die teure persische Mumia und der viel billigere Asphalt als gleichwertig erachtet. Sowohl Diodor als auch Strabo erwähnen das am Toten Meer vorkommende Bitumen (Asphaltos), das nach Ägypten exportiert wurde. Am Toten Meer hatten es auch die islamischen Araber nach der Eroberung Syriens (634-640 nach Chr.) kennen gelernt.

Die farbliche Ähnlichkeit der Mumia, dem kostbaren persischem Erdwachs, mit den üblicherweise ebenfalls schwarz verfärbten Mumien führte zu der fälschlichen Annahme, dass deren Konservierung gleichfalls mit Hilfe von Mumia (dem persischem Erdwachs) herbeigeführt worden war. So dürfte es zu der synonymischen Bezeichnung der konservierten Leichname als »Mumien« gekommen sein. Eine ägyptische Bezeichnung für diese Kohlenwasserstoffprodukte und den nach dem Erdwachs (Mumia) benannten konservierten Leichen (Mumien) existiert nicht. Zu einer ähnlichen Fehlbeurteilung führten offensichtlich auch die sich im Laufe längerer Zeiträume bräunlich-schwarz verfärbenden, bei der Mumifizierung zur Anwendung gekommenen Harze, Öle und Gewürze. Dies war besonders dann der Fall, wenn diese die Mumienbinden durchtränkt hatten.

Das Begehren, dieser teilweise geheimnisvoll erscheinenden wie medizinisch als hoch wirkungsvoll angesehenen Produkte habhaft zu werden, führte schließlich zur Verwertung dazu geeignet erscheinender schwarz verfärbter Mumien. Solche Mumien wurden pulverisiert und das so gewonnene, vermeintlich heilkräftige Pulver teuer verkauft. Es war einzunehmen oder wurde zu Salben, Tinkturen oder Extrakten usw. weiter verarbeitet.

Eine Erweiterung der Anwendung von Mumienpulver ergab sich aus dem von islamischen Ärzten gegebenen Hinweis, wonach die Heilung einer erkrankten Körperregion durch einen aus der gleichen Körperregion eines Gesunden zubereiteten Extrakt herbeigeführt werden könne. Demnach erfüllte, so die Folgerung, ein aus einer ganzen, bis dahin unversehrt gebliebenen Mumie hergestellter Extrakt alle Voraussetzungen einer für alle Körperregionen wirksamen Arznei.

Nach Europa gelangte die Kunde von der wundersamen Arznei am Anfang des 2. Jahrtausends (Constantinus Africanus, Medizinschriftsteller arabischer Herkunft, 1018-1087), um von da an über lange Zeiträume fester Bestandteil des europäischen Arzneischatzes zu werden. Ende des 16., Anfang des 17. Jahrhunderts war Mumia in Deutschland fest etabliert. Im Laufe der Jahrhunderte nahmen die der »Mumia« zugeschriebenen Heilanzeigen zunehmend bizarrere Formen an.

Aus alledem resultierte ein schwungvoller Mumienhandel. Die Umschlagplätze der Mumientransporte waren Alexandria bzw. Venedig. Im neunten Jahrhundert begannen die Araber Nekropolen zu öffnen, und damit setzte ein zunehmender Export von anfänglich noch sehr gut erhaltenen Mumien ein. Mumien galten überdies als Zierden von Apotheken; Mumienstücke wurden im Handel angeboten, ebenso Mumienpulver, Mumienextrakte, Mumienessenzen, Mumienpflaster und noch andere Zubereitungen mehr (z.B. Waffensalbe). Dieser Handel endete erst anfangs des 20. Jahrhunderts (siehe im Folgenden).

Zur Verbreitung von »Mumia« hatte im 16. Jahrhundert über eine gewisse Zeit auch Teophrast von Hohenheim (Paracelsus) in von ihm dominierten Gegenden durch einschlägige, von ihm verfasste Schriften beigetragen. Darin akzeptierte er die Verwendung von »Mumia«, wie er diese auch seinen Patienten rezeptierte. Es geschah dies zu einer Zeit, zu der Andere die Verwendung von »Mumia«-Produkten bereits in aller Schärfe ablehnten.

Etwa um die Wende des 16. und 17. Jahrhunderts hatte die Anwendung von Mumienprodukten wohl ihren Höhepunkt erreicht. Die gesteigerte Nachfrage nach Mumien führte dann auch zu Engpässen in deren Lieferung. Zunächst versuchte man dieser Misere durch die Lieferung so genannter Weißer Mumien zu begegnen; das sind die im Sand beigesetzten, ohne jede Behandlung nur durch Hitze und »Lufttrocknung« zu Mumien gewordenen Leichen. Von den Ärzten wurden diese allerdings zu einer Behandlung als ungeeignet angesehen.

Schwierigkeiten in der Lieferung von Mumien hatten sich auch aus der bei den inzwischen mohammedanisch gewordenen Ägyptern aufkommenden Überlegung ergeben, dass es unstatthaft sei, die eigenen Ahnen von Christen verspeisen und damit entehren zu lassen. Auch fürchteten sie die deshalb möglicherweise einsetzende Rache ihrer Vorfahren. Nachdem neuerliche Mumienfunde aber den Schluss zuließen, dass es sich bei diesen Leichen nicht um Mohammedaner handeln konnte, wurde der Mumienexport wieder erlaubt.

Als Kompensation setzte während der Verbotszeit die künstliche Herstellung von Mumien ein. Dazu erschienen den Händlern alle Leichen, derer sie habhaft werden konnten, geeignet, darunter auch solche, die an Infektionskrankheiten, etwa Pocken, verstorben waren. Gehirn und Eingeweide wurden entnommen, Muskel eingeschnitten und in die Höhlungen Asphalt gegossen. Nach einer Lagerung von einigen Monaten wurden sie als echte Mumien nach Europa ausgeliefert. Verschiedenen Orts kam es schließlich zum Verbot dieser Praktiken. So setzte sich der berühmte französische Chirurg A. Paré besonders vehement gegen die Verwendung von Mumien ein, deren Todesursache verborgen war.

Um dem Missbrauch künstlich hergestellter Mumien entgegenzuwirken, gab es verschiedene, mehr oder weniger taugliche

Hinweise ihrer (vermeintlichen) Erkennung. Vollends erschwert war diese Unterscheidung, wurden Mumienbruchstücke importiert, was häufig der Fall war.

Zu dieser Zeit setzte auch eine Auseinandersetzung um die mehr oder weniger »kontrollierte« Herstellung von Mumien aus Leichen in Krankenhäusern Verstorbener (Hospitalmumien) und die Bereitung von Heilmitteln aus Toten ein. Zu Letzterem gemachte Vorschläge sind zum Teil so unsinnig wie abstoßend, so dass auf ihre Erörterung verzichtet wird.

Noch im 18. Jahrhundert bestanden unter den Ärzten Unstimmigkeiten darüber, was denn die Wirksamkeit der Mumia vera eigentlich ausmache; vielleicht Asphaltos oder »Fleisch oder Bein«, die in Mumien enthaltenen Spezereien oder Reste der zur Balsamierung verwendeten Öle, Harze usw. Die Skepsis gegenüber vermeintlich in Mumien enthaltenen Wirkstoffen nahm gegen Ende des 17. Jahrhunderts dann so stark zu, dass Mumien als Arzneimittel ihre Bedeutung so langsam einbüßten. Freilich dauerte es dann noch bis in das beginnende 20. Jahrhundert hinein, bevor Mumia vera Aegyptica aus pharmazeutischen Katalogen verschwand (vergleiche vorne). So bot etwa die Fa. E. Merck letztmals »Mumia vera Aegyptica« in ihrer »Grosso-Preisliste« vom Februar 1924 (!) zu einem Kilopreis von 12 Goldmark an.

9. Die Röntgenuntersuchungen an den »Sieben Münchner Mumien«

9.1. Ganzkörperaufnahmen der Mumien

Die Durchführung der Röntgenaufnahmen erfolgte in den Kellern der Staatssammlung mit Hilfe eines zu Großaufnahmen geeigneten Röntgengerätes (C. H. F. Müller).

Bedingt durch den Winkel des Strahlenkegels (ca. 20 Grad) wurde der Fokus-Film-Abstand auf 270 cm festgesetzt. Resultierend aus FFA = 270 cm ergibt sich eine Objektvergrößerung um ca. 8% der filmnahen Objektpartien. Zur Vereinfachung der Beurteilung wurde ein Bleimaßstab in 20 cm Abstand in den Film mit eingeblendet.

Um den großen Fokus-Film-Abstand zur Durchführung der Aufnahmen in anterior-posteriorer Stellung zu ermöglichen, wurden die Mumien seitlich gelagert. Entsprechend wurden sie mit Schaumstoffkeilen fixiert, und die Filme auf einer hierzu gelagerten Platte befestigt.

Als Filmmaterial fand Radiolix-Rollenware (190 x 43 cm) Verwendung, das in 2 m langen Taschen aus Alukaschiertem schwarzen Papier verpackt war. Zur Bestimmung der Belichtungzeiten wurden Probeaufnahmen auf dem gleichen Radiolix im Format 24 x 30 cm durchgeführt. Die Entwicklung der Ganzkörperaufnahmen erfolgte im Agfa-Gevaert-Technikum, München, mittels einer Gevamatic 200-Entwicklungsmaschine; Entwickler G 136 bei 36 Grad.

Die Qualität der Ganzaufnahmen erfüllte unsere Erwartungen. Pathologische Befunde waren gut zu erkennen, wie auch nur schwach schattengebende Objekte ordentlich zur Darstellung kamen. Zur Dokumentation von Mumien erscheinen Ganzaufnahmen uneingeschränkt geeignet. Bleibt hinzu zu fügen, dass sich durch die Verkleinerung der etwa 1,3 m hohen Ganzaufnahmen deren Qualität auf den nachfolgenden Abbildungen (R) merkbar verschlechtert.

9.2. Konventionelle Röntgenaufnahmen

Nach Durchführung der Ganzkörperaufnahmen erfolgten in Parallele dazu an allen Mumien auch noch konventionelle Röntgenaufnahmen, die die Mumien durch Aneinanderreihung der Bilder ebenfalls in Gänze zur Darstellung brachten.

Zu danken haben wir den Firmen Agfa-Gevaert-Technikum, München und C. H. F. Müller, München, für die uns großzügig gewährte Unterstützung. Zu Dank verpflichtet sind wir auch den Mitarbeitern dieser Firmen, die uns im Verlauf unserer Untersuchungen unterstützten.

10. Die Befunde

Bei den jeweils dargestellten Abbildungen kennzeichnet der Buchstabe R Röntgenbilder. Fehlt das R, handelt es sich um anderweitige Aufnahmen. Die erste Zahl gibt die Nummer der Mumie wieder, auf die sich die Abbildung bezieht, die zweite entspricht der fortlaufenden Nummerierung. Die Bildbeschreibungen erfolgen in verkürzter Form. Bei bestehendem Interesse empfiehlt es sich, die zugehörigen Befunde im Text nachzulesen.

10.1. Mumie I (ÄS 73b)

Den Archiv-Unterlagen nach wurde die Mumie I (ÄS 73b) mit noch zwei anderen und drei Mumiensärgen von der Kgl. Bayerischen Akademie der Wissenschaften 1820 von Dr. F. W. Sieber aus Prag erworben. Sie stammen aus Theben. Es handelt sich um die Mumie eines etwa 16 (bis 18) Jahre alten Jungen. Was die Datierung ihrer Herkunftszeit angeht, so könnte diese unter Berücksichtigung der von uns bei der Mumie festgestellten Organpakete in der Spätzeit (746 - 335 v. Chr.), vielleicht aber auch erst in der Ptolemäerzeit (306/304 - 30 v. Chr.) gelegen haben.

Auf der 1967 fotographisch dokumentierten Mumie I (ÄS 73b) kommt diese schwer beschädigt zur Darstellung (Abbildung 1/1). Es waren 1967 an ihr aber auch keine Hinweise zu finden, die auf die von Lauth im »Katalog der Münchner Ägyptiaca« 1865 beschriebene Ausschmückung der Mumie des Senchons[28] hätten bezogen werden können. Dies dürfte bei der Fragilität der Ausschmückung und in Kenntnis der Schwere der an der Mumien eingetretenen Schäden auch kaum überraschen.

Dieser an der Mumie Senchons beschriebene Schmuck gleicht übrigens weitgehend der Beschreibung des Schmuckes des »Thebaners Senchonsu« (»Führer durch das k. Antiquarium, München«, 1878, S. 66, 14), so dass möglicherweise von einer Identität dieser beiden Mumien ausgegangen werden könnte. Ob nun die Mumie des Thebaners Senchon tatsächlich identisch ist mit der Mumie des 16-jährigen Jungen, ließ sich 1967 nicht mit ausreichender Sicherheit klären. Auch blieb damals die Antwort auf die Frage offen, ob die Mumie I (ÄS 73b) eventuell zu irgendeinem Zeitpunkt dieses ihres, ihr möglicherweise zuzuordnenden Schmuckes beraubt wurde, oder es sich bei ihr um eine andere Mumie handelt.

Dies alles verdeutlicht um ein weiteres mehr die große Bedeutung, die der röntgenologischen Dokumentation für eine spätere Identifikation von Mumien zukommt (siehe vorne).

---

[28] Lauth schreibt u.a. dazu: »Denn seine Mumie hat ausser der üblichen Byssusumwicklung eine zweite Hülle, welche aus mehreren Byssuslagen zusammengesetzt und sehr sorgfältig mit einem weisslichen, bemalten Stucke überzogen ist. Die vergoldete Maske, deren Bart abgefallen ist, hat die Augen schwarz, die Calantica grün und weiss gestreift (Mit »Calantica« dürfte eine Kopfbedeckung gemeint sein(?). Anm. d. Verf.).
In der Gegend der Brust sieht man den Scarabaeus …. Hierauf folgt ebenso beflügelt die Göttin des Raumes: Nut …. Diese Göttin ist wegen iherer kosmischen Eigenschaften … auf dem Deckel abgebildet, um mit ihren Fittigen die darunter liegende Mumie zu beschützen (sub umbra alarum tuarum).« Es folgt eine Dartsellung des Osiris auf einer Bahre. Zu Häupten und Füßen die schwesterlichen Göttinen Isis und Nephthys, zwischen ihnen Anubis. Über der Leiche schwebt die Seele des Verstorbenen in Gestalt eines (ba-) Vogels. An den Sohlen des Überzuges findet sich je ein Mann mit Spitzbart, die Hände auf den Rükken gebunden. Der zweimalige Seitentext besagt dazu: »Alle deine Feinde unter deine Sohlen«.

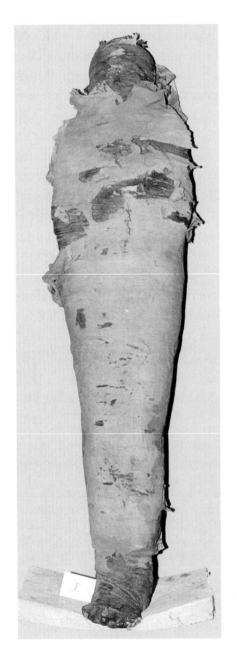

Abbildung 1/1:

Stark beschädigt sind die äußeren, bräunlich verfärbten Mumienbinden. Darunter werden tiefere, wahrscheinlich von Harz durchtränkte, schwarz verfärbte Bindenschichten sichtbar.

Abbildung R 1/1:

Röntgen-Ganzaufnahme eines etwa 16-jährigen jungen Mannes. Der Gehirnschädel ist leer, das Siebbein beschädigt. Das Gebiss ist weitgehend in Ordnung. (Vergleiche auch R 1/2: Zunge). Die Arme sind über dem Thorax gekreuzt. Im Bereich des 12. Brustwirbels ist eine wahrscheinlich unfallbedingte Abknikkung bzw. Verschiebung der unteren Wirbelsäule nach rechts zu sehen. Frakturen und Dislokationen kommen im Beckenbereich zur Darstellung (siehe R 1/3). Diese dürften Folge einer massiven Gewalteinwirkung (z.B. Unfall) sein. Thorax und Abdomen enthalten stark schattengebende Organpakete.

Auch sind im Thorax- und Beckenbereich Füllmaterialien nachzuweisen. Im Bereich der linken seitlichen Bauchwand zeigt sich, offensichtlich im Zusammenhang mit der dort im Verlauf der Mumifizierung durchgeführten Inzision, eine deutliche Vorwölbung. Beachtenswert ist eine unterhalb der Symphyse gelegene, etwa 7 cm lange walzenförmige Verschattung, die einige Einschnürungen aufweist. Diese entspricht einem entweder mit textilem Material umwickelten oder durch anderweitiges Material unterlegten Penis. Als Folge der im Verlauf der Mumifikation erfolgten Dehydratation ist die Muskulatur beider Beine stark verschmälert. Dieser Muskulatur anliegend und manchmal schlecht abzugrenzen, kommt aus kosmetischen Gründen eingebrachtes Füllmaterial in unterschiedlicher Breite zur Darstellung.

An den distalen Enden der Femora und an den Unterschenkelknochen beidseits sind die Epiphysenfugen deutlich zu erkennen. Oberhalb der Knöchel sind beidseits etwa 2 cm breite und zarte, reifenförmige Verschattungen zu erkennen, die sicherlich Schmuckreifen entsprechen. Die Zehen sind beidseits als Folge der Umwickelung mit textilem Material gespreizt, was mit großer Wahrscheinlichkeit durch eine Straffung der Binden im Bereich der Zehengrundgelenke verstärkt wurde. Auch werden an beiden Füßen unter den Fußsohlen schmale Unterlagen erkennbar. Diese dürften vornehmlich aus textilem Material gefertigten Sandalen entsprechen.

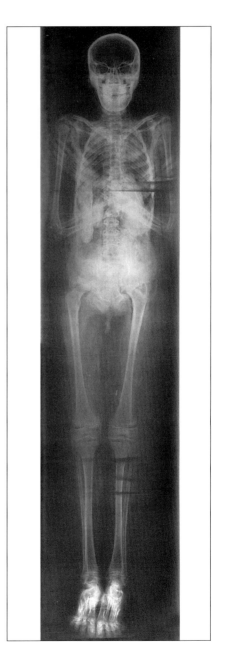

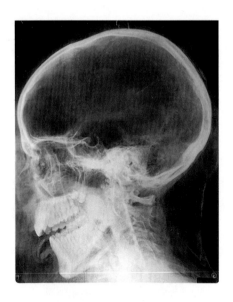

Abbildung R1/2:

Auf der seitlichen Schädelaufnahme kommt der Gehirnschädel leer zur Darstellung. Der erkennbare Defekt des Siebbeins dürfte Folge der Entnahme des Gehirns im Verlauf der Mumifizierung sein. Bis auf die Weisheitszähne sind alle übrigen Zähne durchgebrochen und gesund. Der Schmelzüberzug ist vollständig. Das völlige Fehlen von Abrasionen des Zahnschmelzes, besonders im okklusalen Bereich, deutet auf eine Ernährung mit fein gemahlenen Getreideprodukten hin. Die vor der unteren Zahnreihe erkennbare längliche Verschattung entspricht ihrer Konfiguration nach am ehesten der vor die Zahnreihen vorgefallenen Zunge.

10.1.1. Schädel

Der Gehirnschädel ist leer. Der Defekt des Siebbeins dürfte Folge der Entnahme des Gehirns im Verlauf der Mumifizierung sein. Die Zähne 17-47 sind vollständig durchgebrochen. Alle vier Weisheitszähne sind angelegt und orthograd eingestellt. Es besteht ein vollständiger Schmelzüberzug, auch finden sich keine Anzeichen für Abrasionen. Dies ist im Vergleich zu anderen Mumien im okklusalem Bereich atypisch. Das Fehlen solcher Abrasionen deutet auf eine Ernährung mit fein gemahlenen Getreideprodukten hin. Das dentale Alter des Verstorbenen ist auf 16 bis 17 Jahre zu schätzen.

Auf der seitlichen Schädelaufnahme findet sich, in Höhe der unteren Schneidezähne und diese überragend, eine bogenförmig verlaufende schmale Verschattung, die etwa 1 cm vor der Zahnreihe endet. Nach einer Unterbrechung von etwa 1-2 mm beginnt eine breitere Verschattung, die zum Unterrand der Zahnreihe zurückführt. Der Zwischenraum zwischen diesen beiden Gebilden scheint leer. Ummantelt sind sie von einem schwach schattengebenden Streifen. Den röntgenologischen Kriterien nach dürfte es sich am ehesten um die vor die untere Zahnreihe vorgefallene Zunge handeln.

10.1.2. Thorax und Abdomen

Die Arme sind über dem Thorax gekreuzt. Im Bereich des 12. Brustwirbels ist eine wahrscheinlich unfallbedingte Abknickung bzw. Verschiebung der unteren Wirbelsäule nach rechts zu sehen. Ansonsten kommt die Wirbelsäule unauffällig konfiguriert zur Darstellung. Thorax und Abdomen enthalten stark schattengebende Bündel, die mit großer Wahrscheinlichkeit Organpaketen (vergleiche Abschnitt 4.5.) entsprechen. Eine etwa 20 cm lange und etwa 4 cm breite Verschattung findet sich der Thoraxwand rechts anliegend, bis an die Darmbeinschaufel reichend. Etwas mehr als die untere Hälfte dieser Verschattung zeigt eine deutliche Längsstreifung.

Zwischen diesem Bündel und der Wirbelsäule wird eine weitere, etwa 10 cm lange und gut 3 cm breite Verschattung sichtbar. Links der Wirbelsäule ist ein etwa 19 cm langes und etwa 6 cm breites bis knapp oberhalb der linken Beckenschaufel reichendes Bündel zu sehen. Im Bereich der linken seitlichen Bauchwand zeigt sich, offensichtlich im Zusammenhang mit der dort im Verlauf der Mumifizierung durchgeführten Inzision, eine deutliche Vorwölbung.

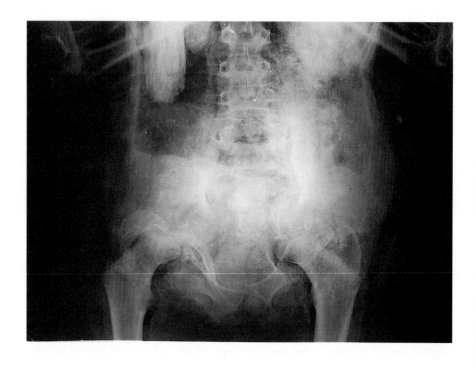

Abbildung R1/3:

Deutlich sichtbar werden auf dieser Beckenaufnahme die Fehlstellungen beider Hüftgelenksköpfe mit einer zentralen Luxation des frakturierten Hüftgelenkkopfes links und einer Abrissfraktur des Hüftgelenkkopfes rechts und dessen Luxation nach rechts außen. Sehr gut kommt auch die Sprengung der Symphysenfuge mit Frakturierung und Dislokation zur Darstellung. Ebenso sind Verschiebungen im Bereich beider Ileosakralfugen zu erkennen.

10.1.3. Becken

Es finden sich Fehlstellungen beider Hüftköpfe nach rechts, wobei links eine zentrale Luxation des frakturierten Hüftgelenkkopfes vorliegt. Rechts lässt sich ebenfalls eine Abrissfraktur feststellen, wobei der Hüftkopf nach außen rechts luxiert ist.

Auch bestehen Verschiebungen im Bereich beider Ileosakralfugen. Außerdem zeigt sich eine Sprengung der Symphysenfuge mit Frakturierung und Dislokation.

Diese Befunde lassen, zusammen mit der bereits etwas weiter vorne beschriebenen Abknickung bzw. Verschiebung der unteren Wirbelsäule nach rechts, mit größter Wahrscheinlichkeit ursächlich für diese pathologischen Veränderungen eine massive Gewalteinwirkung von links her annehmen. Somit dürften die festgestellten Befunde Folgen eines schweren Unfalls sein, die den Tod dieses jungen Mannes herbeiführten.

Im Bereich der linken Beckenschaufel findet sich eine fast 10 cm lange und 5 cm breite, den Beckenkamm deutlich überlappende Verschattung. Im Bereich dieser Verschattung lässt sich auch noch ein mäßig schattengebendes, etwa eiförmig konfiguriertes Gebilde von einer maximalen Breite von 5 cm und einer Länge von etwa 5,5 cm Länge erkennen.

Im Becken, vornehmlich links, findet sich eine über das Abdomen bis in den unteren Thoraxbereich übergreifende und wahrscheinlich durch Füllmaterial (vergleiche Abschnitt 4.2.) bedingte, breitflächige Verschattung. Der untere Abdominal- wie Beckenbereich kommt gleichfalls homogen dicht zur Darstellung. Auch diese Verschattung entspricht mit hoher Wahrscheinlichkeit Füllsubstanz (vergleiche Abschnitt 4.2.5.).

Knapp unterhalb der Symphyse ist eine annähernd daumendicke, längsförmige, ca. 7 cm lange Verschattung zu erkennen, die Einschnürungen aufweist. Diese Verschattung entspricht mit größter Wahrscheinlichkeit dem Penis. Möglicherweise wurde dieser aus rituellen Gründen mit Binden umwickelt oder vielleicht auch durch anderweitiges Material abgestützt. (vergleiche Abschnitt 4.8., S. 60; siehe Abbildung R 1/1).

10.1.4. Untere Extremitäten

Mit Ausnahme der eben dargestellten traumatisch bedingten Veränderungen an den Hüftköpfen zeigen Ober- und Unterschenkelknochen eine überraschend gute und unauffällige Knochenstruktur. An den distalen Enden der Femora und an den Unterschenkelknochen beidseits sind die Epiphysenfugen deutlich auszumachen. Ein sicherer Anhalt für eine Knochenerkrankung zeigt sich auf den Aufnahmen nicht.

An beiden Beinen kommen, den Knochen anliegend, schmale bis etwa 2 - 3 cm breite Verschattungen zur Darstellung. Diese dürften der im Verlauf der Natronbehandlung dehydrierten und deshalb stark verschmälerten Muskulatur entsprechen. Dieser Muskulatur anliegend und manchmal schlecht abzugrenzen wird aus kosmetischen Gründen eingebrachtes Füllmaterial sichtbar (vergleiche Abschnitt 4.2.).

Dieses erreicht an beiden Oberschenkeln, bei unterschiedlicher Transparenz, nach medial zu eine Breite von etwa 5 bis 6 cm, nach lateral zu von bis zu 2 cm. Nach distal, im Bereich der Unterschenkel, wird die aufgelagerte Füllsubstanz schmaler. Dort erreicht sie Breiten von etwa bis zu 2 cm. Oberhalb der Knöchel sind beidseits etwa 2 cm breite und zarte, reifenförmige Verschattungen zu erkennen, die sicherlich Schmuckreifen entsprechen (vergleiche Abschnitt 4.7.).

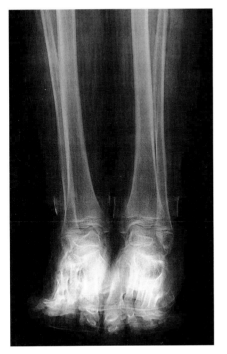

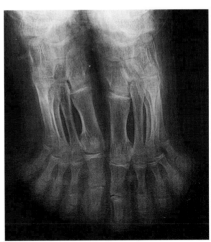

Abbildung R1/4:

Nur schwach kontrastgebende, ringförmige Verschattungen kommen knapp oberhalb beider Knöchel zur Darstellung. Diese entsprechen mit größter Wahrscheinlichkeit Schmuckreifen.

Abbildung R1/5:

Die Zehen sind an beiden Füßen umwickelt und gespreizt, was durch eine Straffung der Binden im Bereich der Zehengrundgelenke verstärkt worden sein dürfte. An beiden Fußsohlen zeichnen sich zudem zarte Verschattungen ab, die aus textilem Material, vielleicht auch zusammen mit Stroh, gefertigten Sandalen (vergleiche Abschnitt 4.7., Abbildung R1/4) entsprechen dürften.

Die Zehen sind beidseits als Folge der Umwickelung mit textilem Material (vergleiche Abschnitt 4.7.) gespreizt, was mit großer Wahrscheinlichkeit durch eine Straffung der Binden im Bereich der Zehengrundgelenke verstärkt wurde.

Am 5. Mittelfußknochen rechts lässt sich eine sicherlich post mortem verursachte Fraktur nachweisen. Auch werden auf den in Aufsicht geschossenen Aufnahmen an beiden Füßen unter den Fußsohlen schmale Unterlagen erkennbar. Im anterio-posterioren Strahlengang zeigen sich, vor allem rechts, vor den Zehen gelegene längsförmige zarte Verschattungen. Die vorgenannten Verschattungen entsprechen wahrscheinlich textilem Material, vielleicht zum Teil auch Stroh, wobei es sich um aus diesen Materialien gefertigte Sandalen (vergleiche Abschnitt 4.7.) handeln dürfte.

10.1.5. Kurze Zusammenfassung

Es handelt sich um einen etwa 16-18-jährigen jungen Mann mit über der Brust gekreuzten Armen. Im Mundbereich findet sich eine über die untere Zahnreihe hinausreichende Verschattung, die mit großer Wahrscheinlichkeit der vorgefallenen Zunge entsprechen dürfte. Im Thoraxraum kommen Verschattungen zur Darstellung, die Organpaketen gleichen (vergleiche Abschnitt 4.5.).

Im unteren Bereich der Wirbelsäule (BWK 12) und im Beckenbereich finden sich Frakturen und Dislokationen, mit großer Wahrscheinlichkeit verursacht durch eine massive äußerliche Gewalteinwirkung (siehe Abbildung R 1/3).

Im Becken werden, wahrscheinlich durch Füllmaterial (vergleiche Abschnitt 4.2.) verursachte, flächenhafte Verschattungen sichtbar. Die knapp unterhalb der Symphyse zur Darstellung kommende, einige Einschnürungen aufweisende, etwa 7 cm lange Verschattung dürfte einem aus rituellen Gründen mit textilem Material umwickelten oder anderweitig unterlegten Penis entsprechen (vergleiche Abschnitt 5.). Nur schwach schattengebende, reifenförmige Verschattungen sind beidseits knapp oberhalb beider Knöchel zu sehen. Diese entsprechen mit größter Wahrscheinlichkeit Schmuckreifen (vergleiche Abschnitt 4.7.).

Die Ummantelung der Zehen mit textilem Material führte zu einer Spreizung der Zehen, die durch eine Straffung der Binden im Bereich der Zehengrundgelenke sicherlich verstärkt wurde (vergleiche Abschnitt 4.7.). An beiden Fußsohlen zeichnen sich zudem zarte Verschattungen ab, die aus textilem Material, vielleicht auch zusammen mit Stroh, gefertigten Sandalen (vergleiche Abschnitt 4.7.) entsprechen dürften.

10.2. Mumie II (ÄS 1627 d)

Diese Mumie ist ein Geschenk von F. W. v. Bissing. Es soll sich um eine durch Feuer geschädigte und deshalb schwarz verfärbte Mumie handeln. Der Kopf ist zwischen dem dritten und vierten Halswirbel abgetrennt, die Füße beidseits etwa im Bereich der distalen Enden der Unterschenkel (Abbildung 2/1). Nach der Konfiguration des Beckens handelt es sich um eine Frau. Der Ganzaufnahme nach ist sie groß gewachsen. Wahrscheinlich ist sie mittleren Alters und dürfte der auslaufenden Spätzeit, vielleicht auch erst der Ptolemäerzeit (306/304-30 v. Chr.) entstammen.

10.2.1. Thorax

Der Kopf ist zwischen dem dritten und vierten Halswirbel abgetrennt. Die Arme sind über dem Brustkorb gekreuzt. Die Mittelhandknochen der linken Hand lassen sich gut erkennen. Die Köpfe der Mittelhandknochen sind von einem schmalen Saum ummantelt, die Finger bis auf den Daumen nicht sicher einzusehen. Wahrscheinlich dürften die Finger zur Handfläche hin gebeugt sein. Die linke Hand liegt dem rechten Schultergelenk auf. Eine distale Fraktur der Ulna links ist gut zu erkennen. Die rechte Hand mit den Fingern lässt sich gut übersehen. Sie liegt flach in Schulterhöhe links auf.

An der Wirbelsäule besteht eine geringe Skoliose, wobei nicht zu entscheiden ist, ob diese Veränderung nicht etwa artifiziell als Folge der Lagerung aufgetreten ist. Die Zwischenwirbelscheiben kommen etwas verschmälert zur Darstellung. Im Bereich des Thorax finden sich ausgedehnte flächenhafte inhomogene Verschattungen, die Füllmaterial entsprechen dürften (vergleiche Abschnitt 4.2.)

10.2.2. Abdomen/Becken

Die Beckenknochen zeigen keinen sicheren pathologischen Befund. Das Kreuzbein überlappend kommt nach links lateral zu eine unregelmäßig strukturierte, rundliche, etwa 6 x 7 cm messende Verschattung zur Darstellung. Nicht so stark schattengebende Substanzen sind zudem in weiten Teilen des kleinen Beckens auszumachen. Es dürfte sich um Füllmaterial (vergleiche Abschnitt 4.2.) handeln. Ein leichter Schiefstand des Bekkens lässt sich erkennen. Der Schambeinwinkel ist weit, was für ein weibliches Becken kennzeichnend ist.

10.2.3. Untere Extremitäten

Etwa 3 cm unterhalb der Symphyse findet sich eine ungefähr 22 cm lange und etwa 6 cm breite, zwischen den Beinen gelegene deutliche Verschattung. Diese dürfte einem Organpaket (siehe Abschnitt 4.5.) entsprechen.

Die Oberschenkelknochen kommen beidseits unauffällig konfiguriert zur Darstellung. Artefiziell, wahrscheinlich durch die Wickelung der Binden verursacht, ist der laterale Gelenkspalt in beiden Kniegelenken deutlich verschmälert. An den Innenseiten der Oberschenkelknochen sind diesen anliegend bis zu etwa 1,3 cm breite Streifungen, die exsikkiertem Muskelgewebe entsprechen dürften, zu sehen. Diesen anhaftend sind nach distal sich

Abbildung 2/1:

*Die vermutlich durch ein Feuer schwarz ver-
färbte Mumie ist schwer beschädigt. Der Kopf
wurde zwischen dem dritten und vierten Halswirbel, die Füße etwa im Bereich beider oberer
Sprunggelenke abgetrennt.*

Abbildung R2/1:

Die Röntgenganzaufnahme zeigt eine groß ge-
wachsene Frau mittleren Alters. Der Kopf ist
zwischen dem dritten und vierten Halswirbel
abgetrennt. Die Arme sind über dem Brust-
korb gekreuzt. Der Brustkorb zeigt beidseits
Verschattungen, die Füllmaterial entsprechen
dürften. Die Mittelhandknochen der linken
Hand lassen sich gut erkennen. Die Köpfe der
Mittelhandknochen sind von einem schmalen
Saum ummantelt, die Finger bis auf den Dau-
men nicht sicher einzusehen. Wahrscheinlich
dürften die Finger zur Handfläche hin gebeugt
sein. Die linke Hand liegt dem rechten Schul-
tergelenk auf. Eine distale Fraktur der Ulna
links ist gut zu erkennen.

Die rechte Hand mit ihren Fingern lässt sich
gut übersehen. Sie liegt flach in Schulterhöhe
links auf. An der Wirbelsäule besteht eine ge-
ringe Skoliose. Füllmaterial findet sich auch im
Bereich des Beckens. Im Bereich beider Beine
ist aus kosmetischen Gründen appliziertes
Füllmaterial sichtbar, an den Innenseiten bei-
der Oberschenkel ist es besonders gut zu er-
kennen. Der Schambeinwinkel ist weit, was
für ein weibliches Becken kennzeichnend ist.
Zwischen den Oberschenkeln gelegen findet
sich ein längliches, sehr gut zur Darstellung
kommendes Organpaket.

Die rechte distale Fibula wurde am Übergang
zum Fibulaschaft lädiert und knapp oberhalb
ihres Knöchels abgebrochen. Der mediale
Knöchel rechts ist intakt, der rechte Fuß im
Gelenkspalt abgetrennt. Der mediale Knöchel
links ist am distalen Ende lädiert, die Fibula
links scheint knapp oberhalb ihres Knöchels
abgebrochen, der linke Fuß im Gelenkspalt
exartikuliert.

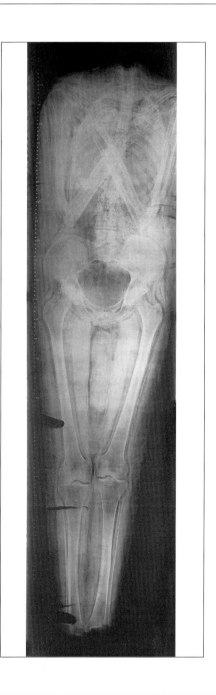

verbreiternde, bis an die 6 cm starke und weitgehend homogene Verschattungen gut zu erkennen. Auch an den Außenseiten der Oberschenkelknochen finden sich schmale, exsikkiertem Muskelgewebe entsprechende Streifungen. Diesen haften inhomogene nahezu marmoriert erscheinende, um die 5 cm breite Verschattungen an. Die an den Oberschenkeln sichtbaren Verschattungen setzen sich schmaler und nicht so ausgeprägt auch an den Unterschenkeln weiter fort. Die beschriebenen Verschattungen dürften aus kosmetischen Gründen eingebrachten Füllsubstanzen, streckenweise möglicherweise zusammen mit gemodelten Binden, entsprechen (vergleiche Abschnitt 4.2.).

Die Unterschenkelknochen, Schienbein und Wadenbein, weisen soweit dargestellt keinen sicher pathologischen Befund auf. Die rechte distale Fibula wurde am Übergang zum Fibulaschaft lädiert und knapp oberhalb ihres Knöchels abgebrochen. Der mediale Knöchel rechts ist intakt, der rechte Fuß im Gelenkspalt abgetrennt. Der mediale Knöchel links ist am distalen Ende lädiert, die Fibula links scheint knapp oberhalb ihres Knöchels abgebrochen, der linke Fuß im Gelenkspalt exartikuliert. Wahrscheinlich durch die Lagerung bedingt steht das linke Bein etwas tiefer. Beide Füße fehlen.

10.2.4. Kurze Zusammenfassung

Es handelt sich um eine beträchtlich beschädigte weibliche Mumie, an der Kopf und die Füße fehlen. Es beeindruckt die schwarze Verfärbung der Mumie, die im Zusammenhang mit einem Brand entstanden sein soll. Die mumifizierte Frau dürfte mittleren Alters und groß von Wuchs gewesen sein. Wahrscheinlich entstammt sie der auslaufenden Spätzeit, vielleicht aber auch erst der Ptolemäerzeit. Sicherlich aus kosmetischen Gründen kamen Füllmaterialien (vergleiche Abschnitt 4.2.) zur Anwendung. Diese sollten Thorax und Abdomen wieder auffüllen bzw. die verursachte Schrumpfung des Körpergewebes ausgleichen. An beiden Beinen sollten Füllstoffe durch die Exsikkation geschrumpftes Muskelgewebe ersetzen.

10.3. Mumie III (ÄS16d)

Diese Mumie ist eine 1818 gemachte Schenkung des Herrn D. Dumreicher an König Max Joseph. Es war dies die erste Mumie der Sammlung ägyptischer Altertümer in München. Es handelt sich dabei um die Mumie einer zarten kleineren, etwa 50-jährigen Frau.

Wahrscheinlich entstammt sie der römischen Periode um etwa 100 n. Chr. Die Mumienbinden sind im Bereich des Kopfes und der Füße erheblich beschädigt. Beschädigt ist auch das Leichentuch im rechen Thoraxbereich wie wahrscheinlich auch die darunter liegenden Binden. Die das Leichentuch zusammenhaltenden und waagrecht verlaufenden Binden sind teilweise verrutscht (siehe Abbildung 3/1).

10.3.1. Schädel

Die Schädelhöhle ist leer, der Schädel dem Brustbein zugeneigt und unauffällig.

Das Gebiss ist einschließlich aller vier Weisheitszähne vollständig angelegt, die linke Kieferhälfte nicht völlig beurteilbar. Zahn 18 ist durch Karies erheblich beschädigt. Aus der als Folge der tief zerstörten Zähne 16 und 17 fehlenden Okklusion lässt sich die Elongation des Zahnes 47 herleiten. Der Zahn 46 fehlt, die Zähne 16 und 17 sind durch kariöse Prozesse bis auf die im Kiefer impaktierten Wurzelreste zerstört. Dies wird schon lange vor dem Tod der Fall gewesen sein, so dass eine okklusale Abstützung des Antagonisten nicht gewährleistet war. Die nachweisbaren Granulome lassen chronisch rezidivierende Entzündungen mit erheblichen Schmerzen für die Betroffene vermuten. Das ganze Gebiss weist im okklusalen Bereich Abrasionen bis Dentinniveau auf. Das dentale Alter der Frau dürfte etwa auf 50 Jahre zu schätzen sein.

10.3.2. Thorax

Die Wirbelsäule ist im Thoraxbereich zart. An der Wirbelsäule sind wahrscheinlich altersbedingte osteoporotische Veränderungen sichtbar. Beide Arme liegen gestreckt dem Körper an. Im Brustkorb finden sich schwächere inhomogene diffuse Verschattungen, die Füllmaterial entsprechen dürften (vergleiche Abschnitt 4.2.).

Auffallend sind zwei nierenartige deutlich schattengebende Areale, von denen das eine im linken mittleren/oberen Thoraxbereich, das andere im unteren rechten Thoraxbereich, dem Becken zu, lokalisiert ist. Diese dürften Organpaketen entsprechen (vergleiche Abschnitt 4.5.).

Neben dem linken oberen Gebilde, der Wirbelsäule zu, findet sich ein weiterer etwa pflaumengroßer, gut zu erkennender Schatten. Ein kartoffelförmiges Gebilde ist im Bereich des Schlüsselbeins rechts, nahe der Wirbelsäule zu sehen. Im Bereich der linken Flanke kommt eine flächenhafte und inhomogene, bis an die Wirbelsäule reichende Verschattung, die die Körperbegrenzung nach links lateral überschreitet und zipfelförmig ausläuft, zur Darstellung. Wahrscheinlich steht dies im Zusammenhang mit der dort zu Beginn der Mumifizierung gesetzten Inzision (vergleiche Abschnitt 4.1.).

Abbildung 3/1:

Auch diese Mumie zeigt schwere Schäden. Die Mumienbinden sind im Bereich des Kopfes und der Füße erheblich lädiert. Beschädigt ist auch das Leichentuch im rechten Thoraxbereich wie wahrscheinlich auch die darunter liegenden Binden. Die das Leichentuch zusammenhaltenden und waagrecht verlaufenden Binden sind teilweise verrutscht.

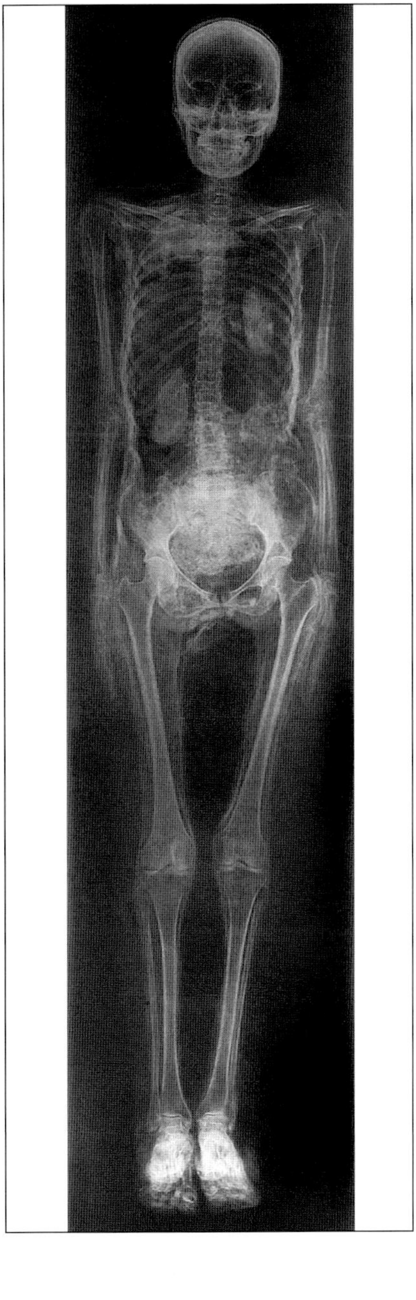

Abbildung R3/1:

Dargestellt ist auf der Röntgenganzaufnahme eine zarte, etwas ältere Frau. Die Schädelhöhle ist leer, der Schädel dem Brustbein zugeneigt. Das Gebiss ist schadhaft. Das dentale Alter der Frau dürfte etwa auf 50 Jahre zu schätzen sein. Beide Arme liegen flach dem Körper an. Im Brustraum beidseits finden sich sehr deutlich zur Darstellung kommende, nierenartig konfigurierte Schatten, die Organpaketen entsprechen dürften. Vermutlich altersbedingte osteoporotische Veränderungen an der Wirbelsäule sind erkennbar. Wahrscheinlich im Zusammenhang mit der zu Beginn der Mumifikation im Bereich der linken Flanke gelegten Inzision wird dort eine deutliche Vorwölbung erkennbar. Der Schambeinwinkel ist weit, was für ein weibliches Becken kennzeichnend ist. Zur kosmetischen Korrektur beider Beine wurde schwach schattengebendes Füllmaterial eingebracht, das vermutlich auch mit Harz durchtränkte, aufgerollte Binden enthält.

121

10.3.3. Becken

Das Becken weist eine typisch weibliche Konfiguration auf. Die eben erwähnte inhomogene Verschattung im Bereich der linken Flanke setzt sich in das kleine Becken, dieses weitgehend ausfüllend, weiter fort. Somit dürfte auch das Becken weitgehend mit Füllsubstanz ausgefüllt sein. Unmittelbar unterhalb der Symphyse ist eine knapp hühnereigroße, inhomogene, nach rechts lateral zu gelegene Verschattung zu erkennen, die auf der Oberschenkelaufnahme noch besser zur Darstellung kommt. Diese Verschattung dürfte der Füllsubstanz zuzurechnen sein, die im Bereich der Oberschenkel Verwendung fand.

10.3.4. Untere Extremitäten

Ober- und Unterschenkelknochen sind unauffällig konfiguriert. Beidseits an den Oberschenkeln, rechts viel deutlicher ausgeprägt als links, finden sich in kranio-kaudaler Richtung verlaufende, gut erkennbare streifenförmige Verschattungen, die exsikkiertem Muskelgewebe entsprechen könnten. Diese sind auch an beiden Unterschenkeln zu sehen, wenn auch deutlich schmäler. Ummantelt sind diese Formationen beidseits, besonders nach lateral gut erkennbar, von einer schwächer schattengebenden, inhomogenen Substanz, die durchsetzt sein könnte von aufgerollten kleineren, wahrscheinlich von Harz durchtränkten Binden. Dieser Schatten verjüngt sich zu den Knien hin. An den Unterschenkeln beidseits verlaufen die Schatten etwa bis in den Knöchelbereich durchgehend etwa in einer Breite von 3 cm. Sicherlich sind sie Ausdruck der an den Beinen durchgeführten kosmetischen Korrekturen (vergleiche Abschnitt 4.2.). Wegen seiner geringen Schattendichte dürfte ein spezielles Füllmaterial zur Anwendung gekommen sein. Das Skelett der Füße erscheint unauffällig. Die Zehen dürften, vornehmlich im Bereich ihrer jeweiligen beiden Endphalangen, mit textilem Material ummantelt sein (vergleiche Abschnitt 4.7.).

10.3.5. Kurze Zusammenfassung

Es handelt sich um die Mumie einer etwa 50-jährigen, zarten Frau. Das Gebiss ist deutlich geschädigt. Osteoporotische Veränderungen sind an der Wirbelsäule erkennbar. Im Thorax sind Organpakete (vergleiche Abschnitt 4.5.) wie auch Füllmaterial (vergleiche Abschnitt 4.2.) dargestellt. Füllmaterial findet sich auch im Becken. Eine sich im Bereich der linken Flanke vorwölbende Verschattung dürfte Folge der dort üblicherweise zu Beginn der Mumifizierung geführten Inzision sein (vergleiche Abschnitt 4.1.). An beiden Beinen erfolgten kosmetische Korrekturen (vergleiche Abschnitt 4.7.).

10.4. Mumie IV (ÄS 68)

Diese Mumie wurde 1820 von W. Sieber aus Prag an die k.b. Akademie der Wissenschaften veräußert. Sie stammt aus Theben und weist nur wenige Beschädigungen auf. Dem Zusammenhalt des Leichentuchs dienende, quer-, längs- und x-förmig verlaufende Binden sind zu erkennen. Bei der Mumie handelt es sich um eine etwa 30-jährige Frau aus der römischen Periode, etwa dem 1. Jahrhundert n. Chr. entstammend.

10.4.1. Schädel

Der Schädel liegt mit dem Kinn dem Brustbein auf. Die Schädelhöhle ist leer. Das Foramen magnum, das große Hinterhauptsloch, kommt offen zur Darstellung. Auch ist auf der seitlichen Schädelaufnahme die Halswirbelsäule gegenüber dem Foramen magnum etwas dorsalwärts verschoben. Eine Verrenkung bzw. Ausrenkung des Atlanto-occipital-Gelenks erscheint wahrscheinlich. Im Bereich der Halswirbelsäule sind Stecknadeln[29], wahrscheinlich zum Zusammenhalt der Binden, zu sehen. Leider lassen sich aus technischen Gründen über den dento-alveolären Bereich nur wenige Aussagen treffen. So sind im Verhältnis zum Alter der Frau nur geringe Abrasionen zu erkennen. Weisheitszähne sind nicht angelegt. Das dentale Alter der Frau dürfte 30 Jahre betragen.

---

[29] Dem Autor gelang es nicht die Frage zu klären, ab wann im Alten Ägypten Stecknadeln Verwendung fanden und gegebenenfalls von welchem Zeitpunkt an diese in einer Qualität produziert werden konnten, die der der röntgenologisch dargestellten Nadeln entspricht.

10.4.2. Thorax

Die Rippen sind zwischen dem 7. und 12. Wirbelkörper exartikuliert und disloziert, die 12 Rippe rechts dazu um etwa 90 Grad
gedreht. Die Exartikulationen dürften post mortem möglicherweise im Zusammenhang mit einer forcierten Organentnahme,
vielleicht auch durch eine zu straffe Wickelung der Mumienbinden, eventuell auch von beidem zusammen, entstanden sein. Im
Thorax zeichnen sich flächenhafte und umschriebene Verschattungen unterschiedlicher Intensität ab, die vielleicht auch Organpaketen (vergleiche Abschnitt 4.5.), wie etwa an der rechten
unteren Thoraxwand gelegen, entsprechen könnten. Außerdem
lassen sich flächenhafte Verschattungen erkennen, die durch
Füllsubstanzen verursacht sein dürften. Etwa vom 2./3. Lenden-
wirbel an lässt sich eine beidseits der Wirbelsäule nach kaudal
verlaufende und bis etwa an die Bauchwand und die oberen
Darmbeinbereiche reichende, marmoriert erscheinende und
wahrscheinlich Füllmaterial entsprechende Verschattung ausmachen (vergleiche Abschnitt 4.2). Im Bereich der linken Flanke, etwa an der Stelle, an der im Zusammenhang mit der Mumifizierung die zu erwartende Inzision (vergleiche Abschnitt 4.1) liegt,
findet sich eine etwa 11 x 6,5 cm große, nur schwach dargestellte, das Körperniveau zipfelförmig überschreitende Verschattung.
Die relativ kurzen Arme liegen gestreckt beidseits dem Körper
an. Die Epiphysenfugen sind geschlossen. Verstreut über den
Thoraxbereich sind einige Nadeln und Drahtstücke zu erkennen.

10.4.3. Abdomen/Becken

Die Kreuz-Darmbein-Gelenke sind luxiert, das Becken verschoben. Offensichtlich sekundär kam es auch zu einer Zerreißung

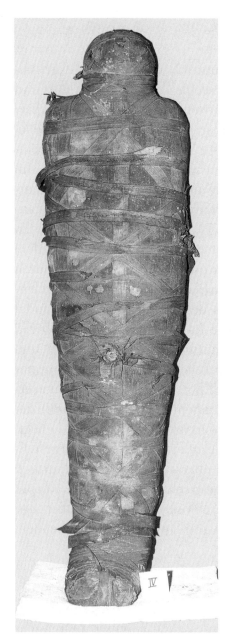

Abbildung 4/1:

Bei der Mumie handelt es sich um eine etwa 30-jährige Frau. Die Mumie kommt aus Theben und entstammt wahrscheinlich der römischen Periode (etwa 1. Jahrhundert n. Chr.). Sie weist nur wenige Beschädigungen auf. Dem Zusammenhalt des Leichentuchs dienende, quer-, längs- und x-förmig verlaufende Binden sind zu erkennen.

Abbildung R4/1:

Auf der Röntgenganzaufnahme ist der Schädel dem Brustkorb zugeneigt. (Das Hinterhauptsloch ist offen, die Halswirbelsäule, ohne dafür einen sicheren Grund nennen zu können, etwas dorsalwärts verschoben. Vergleiche Schädelbefund.) Die Schädelhöhle ist leer. Die Rippen sind zwischen dem 7. und 12. Wirbelkörper exartikuliert und disloziert, die 12. Rippe rechts dazu um etwa 90 Grad gedreht. Im Thorax zur Darstellung kommende Verschattungen könnten eingebrachter Füllsubstanz entsprechen, wie auch Organpakete vorliegen könnten. Im Bereich der linken Flanke, etwa an der Stelle, an der im Zusammenhang mit der Mumifizierung die zu erwartende Inzision liegt, findet sich eine, das Körperniveau zipfelförmig überschreitende schwache Verschattung, die im Zusammenhang mit einer Wunddehiszenz aufgetreten sein dürfte. Die relativ kurzen Arme liegen gestreckt beidseits dem Körper an. Das Becken zeigt die für eine Frau charakteristischen Merkmale. Die Kreuz-Darmbein-Gelenke sind luxiert, das Becken verschoben. Auch zeigt sich eine Zerreißung und Luxation der Schambeinfuge. Kosmetische Korrekturen an den Beinen wurden vorgenommen. Die beiden Endphalangen der Zehen scheinen jeweils mit textilem Material umwickelt zu sein. Vereinzelt lassen sich Stecknadeln und Drahtstücke erkennen.

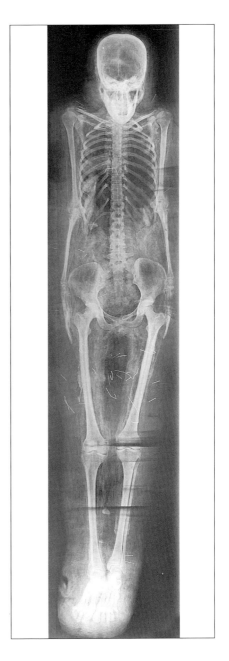

und Luxation der Schambeinfuge. Wahrscheinlich erfolgten diese Veränderungen ebenfalls postmortal, zumal weder andere Frakturen noch vitale Reaktionen vorliegen. Das Becken weist die für eine Frau charakteristischen Merkmale auf. Eine flächenhafte, marmorierte Verschattung, die Füllmaterial (vergleiche Abschnitt 4.2.) entsprechen dürfte, ist im kleinen Becken zu erkennen. Vereinzelt finden sich Stecknadeln und Drahtstücke.

10.4.4. Untere Extremitäten

Der Beinmuskulatur entsprechende schmale Verschattungen sind an den Oberschenkeln etwas besser ausgeprägt als im Bereich der Unterschenkel. Etwa eine Handbreit oberhalb des linken Knöchelgelenks scheint die linke Unterschenkelmuskulatur durchtrennt und entfernt worden zu sein. Am linken Oberschenkel finden sich nach medial zu eine etwa 1 cm breite, nach lateral zu eine etwa 1 cm breite Verschattung, die Muskelgewebe entsprechen könnte. Am rechten Oberschenkel ist eine solche Streifung dagegen nicht zu erkennen. An beiden Beinen kommen Verschattungen unterschiedlicher Intensität zur Darstellung, die Füllmaterial entsprechen dürften. Stärker schattengebend sind jeweils die dem Knochen bzw. der Muskulatur angrenzenden Bereiche, während die Schattendichte der peripheren Partien wesentlich geringer ist. An den Oberschenkeln zeigen die Verschattungen nach lateral zu eine Breite von etwa 7 bis 8 cm. Nach medial zu ist deren Begrenzung nicht sicher zu beurteilen. An den Unterschenkeln beträgt die Breite der vermeintlichen Füllsubstanz etwa im Bereich der Knöchel nach lateral rechts etwa 7 cm, nach links lateral etwa 4 cm. Eine Begrenzung der nach medial gelegenen Füllsubstanz lässt sich nicht ermitteln (vergleiche Abschnitt 4.2.). Die Knochenstrukturen einschließlich die der Füße und Zehen sind unauffällig. Die beiden Endphalangen der jeweiligen Zehen scheinen mit textilem Material umwickelt (vergleiche Abschnitt 4.7.). Auch im Bereich der Zehen hat die nach peripher gelegene Verschattung eine Breite von etwa 4 cm. Insgesamt zeigen so die beiden Beine eine plumpe Form. Stecknadeln und dünne Drahtstücke zur Befestigung der Binden sind auch hier zu erkennen.

10.4.5. Kurze Zusammenfassung

Es handelt sich um eine ca. 30-jährige mumifizierte Frau, etwa der römischen Periode entstammend. Das Hinterhauptsloch ist offen, die Halswirbelsäule, ohne dafür einen sicheren Grund nennen zu können, etwas dorsalwärts verschoben. Im Thoraxbereich sind eine Reihe von Rippen exartikuliert bzw. disloziert. Dies dürfte postmortal geschehen sein. Auch finden sich im Thorax Verschattungen, die eventuell auch Organpaketen entsprechen könnten (vergleiche 4.4.1). Die Kreuz-Darmbein-Gelenke sind luxiert, das Becken verschoben. Offensichtlich sekundär kam es zu einer Zerreißung und Luxation der Schambeinfuge. Wahrscheinlich erfolgten diese Veränderungen post mortem. Im Bereich der linken Flanke, etwa an der Stelle, an der die im Zusammenhang mit der Mumifizierung zu erwartende Inzision (vergleiche Abschnitt 4.1.) liegt, findet sich eine schwach dargestellte, das Körperniveau überschreitende Verschattung, die als Folge auseinander weichender Wundränder entstanden sein dürfte. Die relativ kurzen Arme sind dem Körper gestreckt angelegt. Kosmetische Korrekturen an den Beinen wurden vorgenommen.

10.5. Mumie V (ÄS 12d)

Auch diese Mumie erwarb die k.b. Akademie der Wissenschaften 1820 von W. Siebers. Die Mumie ist sehr stark beschädigt, ihr Kopf fehlt. Dabei handelt es sich um einen schon etwas älteren Mann, der im Verlauf der 3. Zwischenzeit (21.-22. Dynastie; 1070/69-736 v. Chr.) gelebt haben dürfte. Im Bereich der Vorderfüße sind die Mumienbinden soweit zerstört, dass sie schwarz verfärbt zu erkennen sind. Von den Zehen sind nur die beiden Kleinzehen vollständig.

10.5.1. Thorax

Der Kopf ist zwischen 7. Halswirbel und 1. Brustwirbels abgetrennt. Die 1. Rippe rechts ist luxiert, die 2. Rippe rechts ist nahe der Wirbelsäule frakturiert. Außerdem lässt sich eine Dislokation des rechten Schulterblatts bzw. der gesamten Schulter nach rechts lateral feststellen. Mit sehr großer Wahrscheinlichkeit handelt es sich dabei um postmortal aufgetretene Schäden. An der Wirbelsäule ist eine nicht sehr ausgeprägte Spondylosis deformans erkennbar, die auf ein schon etwas höheres Lebensalter des Verstorbenen hinweist.

Im Bereich des Brustkorbs rechts finden sich flächenhafte Verschattungen unterschiedlicher Transparenz, die Füllmaterial entsprechen dürften (vergleiche Abschnitt 4.2.). Außerdem kommt in Höhe etwa der Mitte der 7. Rippe links, nahe der Medioklavicularlinie, eine rechteckige, etwa 1,9 x 0,9 cm große, abgrenzbare Verschattung zur Darstellung. Im kaudalen Thoraxbereich rechts zeichnet sich eine nierenförmige, deutlich sichtbare Verschattung ab. Nach medial zur Wirbelsäule zu wird eine weitere, deutlich schattengebende, pflaumenförmige Figur sichtbar. Eine fast walnussgroße, kalkdichte Verschattung lässt sich auch zwischen den distalen Enden der 11. und 12 Rippe links erkennen. Ebenfalls links, etwa in Höhe des 6. Lendenwirbels, ist eine deutliche, etwa quadratisch konfigurierte Schattenfigur (ca. 2,3 x 2,3 cm) zu sehen. »Organpakete« (vergleiche Abschnitt 4.5.) dürften demnach im Thoraxbereich eingelagert worden sein. Die Oberarme liegen dem Körper an, die Unterarme verlaufen nach medial zu über das Abdomen, wobei sich die Hände etwas unterhalb der Symphyse treffen.

10.5.2. Abdomen/Becken

Auch im Abdomen bzw. Becken zeigen sich Verschattungen unterschiedlicher Transparenz, die mit großer Wahrscheinlichkeit ebenfalls durch Füllmaterial (vergleiche Abschnitt 4.2.) bedingt sind. Außerdem finden sich z.B. den Beckenrand links eben überschreitend, eine annähernd rechteckige, ca. 8 cm breite, nur wenig schattengebende, zum linken Hüftgelenk zu offene Figur. Wesentlich besser zu erkennen ist eine kartoffelgroße, medial der rechten Beckenschaufel aufsitzende, kranial den Beckenkamm erreichende Verschattung. So könnten denn eventuell auch im Abdominal- bzw. Beckenbereich »Organpakete« (vergleiche Abschnitt 4.5.) platziert sein. Rechts lässt sich eine mediale Schenkelhalsfraktur klar erkennbar feststellen, die zu einer Verkürzung des rechten Beins um etwa 5 cm geführt hat. Da reparative Vorgänge im Bereich der Schenkelhalsfraktur nicht erkennbar sind, dürfte diese mit größter Wahrscheinlichkeit

Abbildung 5/1:

Die Aufnahme zeigt eine schwerbeschädigte Mumie, deren Kopf fehlt. Das im hellerem Grau gehaltene Leichentuch ist im Bereich der rechten Schulter bis etwa hin zur Mitte des linken Schlüsselbeins überlagert von einem bogenförmig verlaufenden, bräunlich wirkenden zweiten Tuch. Seitlich und beidseits des Rumpfes finden sich an Leichentuch und Mumienbinden Läsionen unterschiedlichen Ausmaßes. Quer über beide Oberschenkel hinweg sind das Leichentuch und die Binden bis hin zu ihren tiefen Schichten aufgerissen. Erheblich beschädigt sind auch die Mumienbinden im Bereich beider Füße, die rechts weiter als links schwarz verfärbt freiliegen.

Abbildung R5/1:

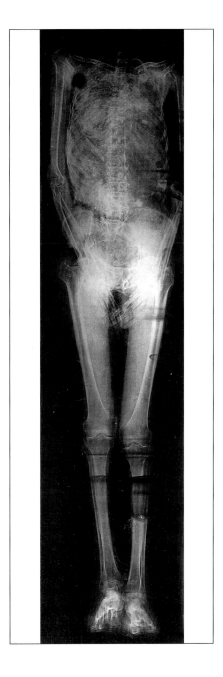

Auf der Röntgenganzaufnahme fehlt der Kopf. Er wurde zwischen dem 7. Halswirbel und 1. Brustwirbel abgetrennt. Die 1. Rippe rechts ist luxiert, die 2. Rippe rechts ist nahe der Wirbelsäule frakturiert. Außerdem lässt sich eine Dislokation des rechten Schulterblatts bzw. der gesamten Schulter nach rechts lateral feststellen. Mit sehr großer Wahrscheinlichkeit handelt es sich dabei um postmortal aufgetretene Schäden. Die Röntgenganzaufnahme zeigt im Bereich des Thorax flächenhafte, größerenteils inhomogene Verschattungen. Auch könnten hier Organpakete eingelagert sein. An der Wirbelsäule besteht eine ausgeprägte Spondylosis deformans, die auf ein schon etwas höheres Lebensalter des Verstorbenen hindeutet. Die Oberarme liegen dem Körper an, die Unterarme verlaufen nach medial zu über das Abdomen, wobei sich die Hände etwas unterhalb der Symphyse treffen. Auch im Bereich des Abdomens und Beckens finden sich flächenhafte Verschattungen unterschiedlicher Transparenz. Das Vorliegen von Organpaketen läßt sich in diesem Bereich nicht ausschließen. Es besteht eine mediale, wahrscheinlich postmortal entstandene, auf der a.p. Aufnahme klar zu erkennende Schenkelhalsfraktur rechts, die zu einer Verkürzung des rechten Beins um etwa 5 cm geführt hat. Die auf der Ganzaufnahme eingeschränkt zur Darstellung kommende Schenkelhalsfraktur rechts ist, wie die auszumachende Asymmetrie beider Beckenschaufeln auch, projektionsbedingt. Da reparative Vorgänge im Bereich der Schenkelhalsfraktur nicht erkennbar sind, dürfte diese mit größter Wahrscheinlichkeit postmortal entstanden sein. Die Muskulatur der Beine wurde offensichtlich weitgehend entfernt. Kosmetische Korrekturen beschränken sich auf die Innenseiten beider Oberschenkel. Von den Zehen sind nur die Kleinzehen vollständig.

postmortal entstanden sein. Die auf der Ganzaufnahme eingeschränkt zur Darstellung kommende Schenkelhalsfraktur rechts
ist, wie die auszumachende Asymmetrie beider Beckenschaufeln
auch, projektionsbedingt.

10.5.3. Untere Extremitäten

Mit Ausnahme einer medialen Schenkelhalsfraktur rechts (siehe
Abschnitt 10.5.2.) erscheinen die Knochenstrukturen von Ober-
und Unterschenkeln weitgehend unauffällig. An den Oberschenkeln sind keine Strukturen auszumachen, die der hier zu
erwartenden Muskulatur entsprechen. An den Innenseiten der
Oberschenkel kommt dagegen eine ausgeprägte, weitgehend
homogene Verschattung hoher Dichte zur Darstellung, die artifiziell eingebracht die im Verlauf der Mumifizierung entfernte
Muskulatur aus kosmetischen Gründen (vergleiche Abschnitt
4.2.) ersetzen soll.

An den Unterschenkeln wurde die Muskulatur wohl ebenfalls
entfernt. Nur unterhalb des rechten Kniegelenks, medial der Tibia, zeichnet sich eine schmale, kurz-streckige und schwache
Verschattung ebenso ab wie zwischen Tibia und Fibula, etwa in
der oberen Hälfte des linken Unterschenkels. Diese Verschattungen dürften Muskelgewebe entsprechen. Eine kosmetische
Korrektur erfolgte an den Unterschenkeln nicht. Einschließlich
der Mittelfußknochen sind die Knochen beider Füße unauffällig. Was die Zehen angeht, so sind nur die Kleinzehen vollständig zu erkennen. In unterschiedlicher Ausdehnung sind die
Knochen der übrigen Zehen als Folge einer äußeren Gewalteinwirkung zerstört (bzw. entfernt), jedenfalls nicht mehr vorhanden.

10.5.4. Kurze Zusammenfassung

Es handelt sich um die sehr stark beschädigte Mumie eines älteren, den Anfängen der 3. Zwischenzeit (21.-22. Dynastie) zuzurechnenden Mannes. Der Kopf der Mumie fehlt. Die rechte Schulter ist nach rechts disloziert, die 2. Rippe rechts ist luxiert, die 2.Rippe rechts nahe der Wirbelsäule frakturiert. Mit größter Wahrscheinlichkeit dürfte es sich um post mortem zugefügte Schäden handeln.

An der Wirbelsäule ist eine nicht sehr ausgeprägte Spondylosis deformans zu erkennen, die ein schon höheres Lebensalter des Verstorbenen vermuten lässt. Der Thorax und das Abdomen zeigen eine inhomogene, wahrscheinlich durch eine Füllsubstanz (vergleiche Abschnitt 4.2.) bedingte Verschattung, in deren Bereich auch Organpakete (siehe Abschnitt 4.5.) vorliegen dürften.

Die Oberarme liegen dem Körper an, die Unterarme verlaufen schräg über den Körper, wodurch die Hände unterhalb der Symphyse zusammen kommen. Rechts ist eine wahrscheinlich post mortem entstandene Schenkelhalsfraktur zu erkennen, die zu einer Verkürzung des rechten Beins von etwa 5 cm geführt hat. Weitgehend wurde im Verlauf der Mumifizierung die Muskulatur beider Beine entfernt, was eine »Kosmetische Korrektur« an den Innenseiten der Oberschenkel zur Folge hatte. Von den Zehen beidseits sind nur die Kleinzehen unbeschädigt geblieben.

10.6. Mumie VI (ÄS 66)

Zu der Sammlung des ehemaligen Konsuls Dodwell in Rom, die König Ludwig I. erworben hatte, gehörte auch der Sarg der »Priesterin des Amon, Favoritin des großen Armes der Urmutter, Herrin von Ascheru: Hontentoti«. Diese Namen und Titel finden sich auch auf zwei Deckeln, die zu dem Sarg gehören. F. J. Lauth beschreibt 1865 den inneren Sargdeckel auf einer modernen Kiste liegend, »welche die aller Binden und Hüllen entkleidete weibliche Mumie enthält. Die Verstorbene begrüßt den Totengott Osiris, mit dem pedum (Hirtenstab, Anm. d. Verf.) in der Hand, den weißen Hut auf dem Haupte, als ›den Herren der Unterwelt und der Ewigkeit‹; Ferner den Anubis und die Isis-Thermutis mit ihren Titeln und bittet um das Todtenopfer.« Die sehr schönen und lesenswerten nachfolgenden Texte lassen sich leider allein ihrer Länge wegen nicht weiter zitieren. Auf die einschlägige Literatur wird verwiesen.

In dem 1878 von W. Christ und J. Lauth publiziertem »Führer durch das k. Antiquarium in München« findet sich dann noch ein Hinweis »auf den Einschnitt an der linken Hüfte zur Herausnahme der Eingeweide« an der »ihrer Hüllen völlig entkleidete(n) weibliche(n) Mumie«. Auch wird noch die Möglichkeit geäußert, »dass Nr. 9, 11, 13 (das sind Sarkophag und Deckel – Anm. d. Verf.) zusammen der Honttaui eigneten.« (Die Namen Hontentoti und Honttaui finden ganz offensichtlich für die gleiche Mumie Verwendung.)

Abgesehen anderweitiger Ausführungen wurde die Mumie von uns (Gray) 1967 zunächst in die Zeit der 18. bis 19. Dynastie (etwa 1550-1185 v. Chr.) datiert. Da aber bei der mumifizierten

Frau im Brustkorb Organpakete nachzuweisen sind, stellt sich auch die Frage nach ihrer vielleicht späteren Herkunft, etwa der sich ihrem Ende zuneigenden Spätzeit, oder der frühen Ptolemäerzeit. Die Mumie betrifft eine etwa 20- bis 25-jährige Frau mit einer jetzt stark geschwärzten Köperoberfläche.

10.6.1. Schädel

Die Schädelhöhle erscheint auf der a.p. Aufnahme leer. Auf der seitlichen Aufnahme kommt in der hinteren Schädelgrube eine geringe Menge einer erhärteten Flüssigkeit (z.B. Harz?) mit waagrechtem Spiegel zur Darstellung (vergleiche Abschnitt 4.1.; vergleiche Abbildung R6/1). Der Mund ist leicht geöffnet, beide Zahnreihen sind, soweit zu übersehen, unauffällig. Die oberen Weisheitszähne sind regelrecht eingeordnet, der Zahn 48 ist verlagert und retiniert. Es besteht nur ein geringgradiger, altersmäßiger Abrieb im Schmelzbereich. Das dentale Alter der Verstorbenen liegt zwischen 20 und 25 Jahren. Die Halswirbelsäule ist zart (Abbildung R6/2).

10.6.2. Thorax

Beide Oberarmköpfe stehen hoch, sind nach kranial luxiert – sicherlich eine postmortal im Zusammenhang mit der Wickelung verursachte Dislokation (Abbildung R6/1). Mit großer Wahrscheinlichkeit ebenfalls postmortal verursacht sind eine Abrissfraktur des Radiusköpfchens und eine Fraktur des radialen Epicondylus links (Abbildung R 6/4). Beide Oberarme verlaufen zunächst parallel zum Oberkörper. In einem spitzen Winkel abgebogen, kommt dann der rechte Unterarm über den Thorax zu liegen, um mit der rechten Hand knapp unterhalb der linken

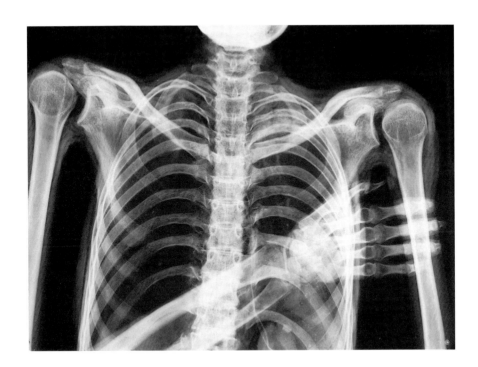

Abbildung 6/1:

Ebenfalls als Folge der bei der Verstorbenen durchgeführten Natronbehandlung kommen Oberkörper wie auch Arme wie ausgezehrt zur Darstellung. Nicht alltäglich ist die Armstellung. Im linken Unterbauch gelegen, in seinem kranialen Anteil vom linken Unterarm überdeckt, findet sich ein als Folge des Eviszerationsschnittes aufgetretener klaffender Bauchwanddefekt.

Abbildung R6/1:

Auf der Thoraxaufnahme stehen beide Oberarmköpfe hoch und sind nach kranial hin luxiert; sicherlich eine postmortal im Zusammenhang mit der Wickelung verursachte Dislokation. Der Thorax wird überkreuzt vom rechten Unterarm, wobei die rechte Hand etwas unterhalb der linken Achselbeuge zu liegen kommt. Der Thoraxraum ist so gut wie leer (vergleiche Abbildung R 6/3).

Achselbeuge den linken Oberarm zu erreichen. Der linke Unterarm biegt im Ellenbogengelenk in einem stumpfen Winkel in eine Position etwa parallel zum rechten Unterarm ab, um mit seiner Hand dann über dem rechten Beckenkamm zu liegen zu kommen (Abbildung 6/1, R6/1 und R6/3). Beide Arme sind, wie die unteren Extremitäten auch, als Folge der durch die Natronbehandlung (vergleiche Abschnitt 4.2.) verursachte Dehydratation des Körpergewebes als sehr »dünn« zu bezeichnen (Abbildung 6/1).

Beidseits lassen sich etwa von den Rippenbögen zu den Beckenkämmen rechts und links verlaufende, größere lang gestreckte Verschattungen ausmachen, die aller Wahrscheinlichkeit nach »Organpaketen« (vergleiche Abschnitt 4.5.) entsprechen (Abbildung R6/3). Ansonsten erscheint der Thorax bis auf eine kleine Verschattung im Bereich des linken Schlüsselbeins leer.

10.6.3. Abdomen und Becken

Wahrscheinlich ebenfalls post mortem verursacht sind beidseits in den Kreuz-Darmbeingelenken feststellbare Luxationen, wodurch beide Beckenschaufeln – rechts stärker als links – verschoben wurden. Etwa im kranialen Anteil der linken Beckenschaufel, schon im Bereich des linken Unterarms, findet sich eine kranio-kaudal verlaufende, ovaläre, dunkle (= Luft) Konfiguration, die der an der Mumie erkennbaren Wundhöhle (vergleiche Abschnitt 4.1.) entspricht (Abbildung R6/3). Eine flächenhafte Verschattung unterschiedlicher Intensität umfasst nahezu das gesamte kleine Becken, die Füllmaterial (vergleiche Abschnitt 4.2.) entsprechen dürfte. Etwas abgehoben davon ist eine knapp oberhalb der Symphyse liegende, diese aber nach kaudal überschreitende, kleinfaustgroße, ovaläre zarte Verschattung gelegen, die eine in kranio-kaudaler Richtung verlaufende, etwa bleistiftstarke Aussparung durchzieht.

10.6.4. Untere Extremitäten

An beiden Oberschenkeln ist als Folge der durch die Mumifizierung bedingten Dehydratation die Muskulatur nur mehr als sehr schmale, von kranial nach kaudal ziehende Verschattungen zu erkennen. Dabei kommt an den Innenseiten der Oberschenkel die Muskulatur etwas kräftiger ausgebildet als an den Außenseiten zur Darstellung. An den Unterschenkeln lässt sich die Muskulatur, soweit erkennbar, nur als sehr schmale und kontrastschwache Streifung verifizieren. Im Bereich von Zehenendgliedern (Nägel?) finden sich vereinzelt metalldichte Verschattungen. Diese dürften Resten von den Zehennägeln im Verlauf der Mumifizierung aufgetragenen Goldplättchen (vergleiche Abschnitt 4.7.) entsprechen. Die Feinstruktur der Knochen beider Beine und Füße kommt auf den Röntgenaufnahmen erstaunlich gut zur Darstellung.

10.6.5. Kurze Zusammenfassung

Die sehr gut erhaltene, völlig ausgewickelte Mumie dürfte vermutlich der zu Ende gehenden Spätzeit, möglicherweise auch erst der Ptolemäerzeit (siehe vorne) zuzuordnen sein. Da aber bei der mumifizierten Frau im Brustkorb Organpakete (vergleiche Abschnitt 4.5.) nachzuweisen sind, stellt sich die Frage nach deren vielleicht späterer Herkunft, etwa nach der 25./26. Dynastie. Vermutlich handelt es sich um die Mumie der etwa 20 bis

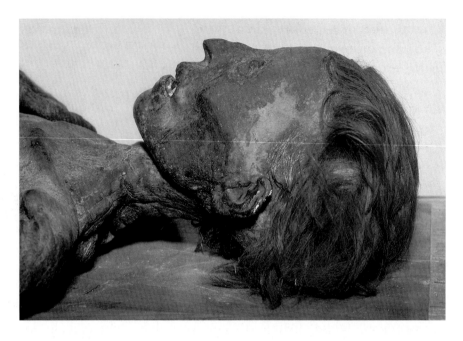

Abbildung 6/2:

Auf der seitlichen Schädelaufnahme kommt das durch die Exsikkation scharf gezeichnete Profil gut zur Darstellung. Die linke Augenhöhle ist eingefallen, der Mund leicht geöffnet, die vordere untere Zahnreihe zu erkennen. Das linke Ohr wie auch die Haupthaare sind gut erhalten.

Abbildung 6/3:

Auf der en face Aufnahme kommt das Gesicht der jungen Frau als Folge der durch die vorausgegangene Natronbehandlung bewirkten Exsikkation nahezu kachektisch zur Darstellung. Beachtenswert die oberhalb der Stirne rechts in ihrer ganzen Feinheit und natürlichen Färbung zur Darstellung kommenden Haupthaare. Die übrigen Kopfhaare sind durch Substanzen verklebt, die während der Mumifizierung Anwendung fanden. In dem leicht geöffneten Mund sind die untere vordere Zahnreihe wie die Zungenspitze einzusehen (Text betrifft Abbildung auf S. 147).

142

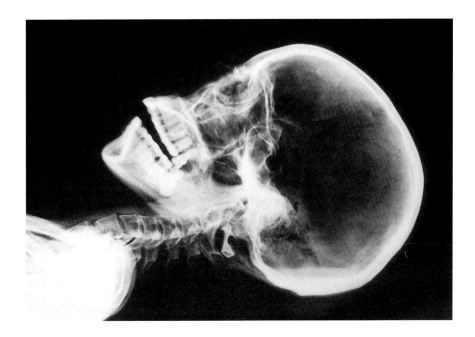

Abbildung R6/2:

Auf der seitlichen Schädelaufnahme im Liegen erscheint die Schädelhöhle leer, in der hinteren Schädelgrube kommt eine geringe Menge einer erhärteten Flüssigkeit (z.B. Harz?) mit waagrechtem Spiegel zur Darstellung. Der Mund ist leicht geöffnet, beide Zahnreihen sind unauffällig. Die oberen Weisheitszähne sind regelrecht eingeordnet, der Zahn 48 ist verlagert und retiniert. Es besteht nur ein geringgradiger, altersgemäßer Abrieb im Schmelzbereich. Das dentale Alter der Verstorbenen liegt zwischen 20 und 25 Jahren. Die Halswirbelsäule ist zart.

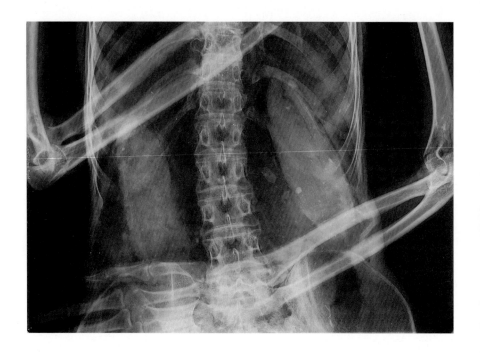

Abbildung R6/3:

Die dargestellte Wirbelsäule ist leicht gekrümmt, was artifiziell bedingt sein dürfte. Vom unteren Thoraxbereich rechts wie links bis zu den Beckenkämmen beidseits reichend, finden sich schattengebende nierenförmige Gebilde, die Organpaketen entsprechen. Die den Körper überkreuzenden Unterarme sind gut zu sehen. Wahrscheinlich ebenfalls post mortem verursacht sind beidseits in den Kreuz-Darmbeingelenken feststellbare Luxationen, wodurch beide Beckenschaufeln – rechts stärker als links – verschoben wurden. Etwa im kranialen Anteil der linken Beckenschaufel, den linken Unterarm gerade tangierend, findet sich eine kranio-kaudal verlaufende, ovaläre, dunkle (= Luft) Konfiguration, die der an der Mumie erkennbaren Wundhöhle entspricht.

144

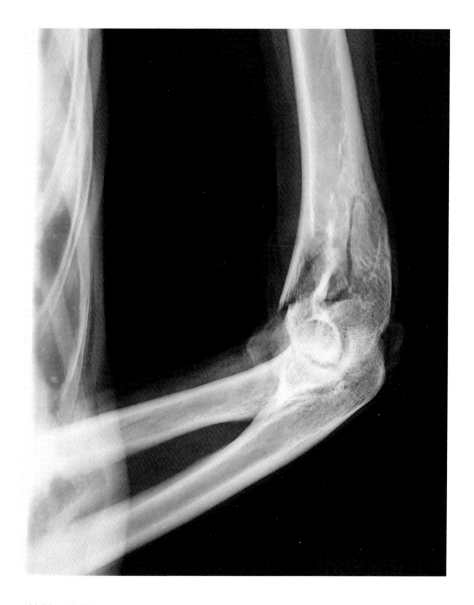

Abbildung R6/4:

Wahrscheinlich auch postmortal verursacht sind eine Abrissfraktur des Radiusköpfchens und eine Fraktur des radialen Epicondylus links.

25-jährigen Amonspriesterin Honttaui. Im Laufe der Jahrtausende kam es zu der heute sichtbar gewordenen Schwarzfärbung des mumifizierten Körpers. Die Haut ist im großen und ganzen gut erhalten, die Papillarlinien an Händen und Füßen teilweise sogar sehr gut. Überraschen mag auch der vorzügliche Erhaltungszustand der schwarzen Haupthaare (siehe Abbildungen 6/2 und 6/3). Erstaunlich ebenfalls der röntgenologische Nachweis eines sehr gut erhaltenen Gebisses (siehe Abbildung R6/1). Das fast kachektische Aussehen der Mumie, insbesondere des Gesichts und der Extremitäten, ist Folge der durch die Natronbehandlung (vergleiche 4.2.) aufgetretenen Exsikkation der Muskulatur bzw. des gesamten Körpergewebes.

Im Bereich der sonst leeren Schädelhöhle kommt im Hinterhauptsbereich eine kleinere Menge wahrscheinlich erhärteten Harzes mit waagrechtem Spiegel zur Darstellung (vergleiche 4.1.). Die nach der Mumifizierung austrocknenden und »zusammenschrumpfenden« und dadurch starke Kräfte entfaltenden, ursprünglich feuchten Binden (vergleiche Abschnitt 4.7.) verursachten sicherlich nicht nur die erkennbare Dislokation beider Oberarmköpfe (Abbildung R6/1), sondern auch die Fraktur des linken radialen Epicondylus wie die Abrissfraktur des Radiusköpfchens links (Abbildung R 6/4).

Aus gleichem Grund dürfte es auch zu der Luxation der Kreuz-Darmbeingelenke gekommen sein. Nicht alltäglich ist die an der Mumie erkennbare Haltung beider Arme (siehe Abbildung 6/1). Im Bereich der früheren, im linken Unterbauch gelegenen Inzision kam es zu einer Wunddehiszenz, die die stark klaffende Wundhöhle zur Folge hatte (siehe Abbildung 6/1). Ob der Hautschnitt nach erfolgter Entfernung der Eingeweide vernäht oder nur mit einer meist amulettartigen Plakette, vielleicht aus Gold oder gegebenenfalls auch nur aus Wachs geformt und vielleicht einem Udjat-Auge verziert, abgedeckt worden war, sei dahingestellt. Im Bereich einiger Zehenendglieder finden sich kleine metalldichte Schatten, die mit großer Wahrscheinlichkeit Resten von den Zehennägeln aufgelagerten Goldplättchen entsprechen dürften (Vergleiche Abschnitt 4.7.).

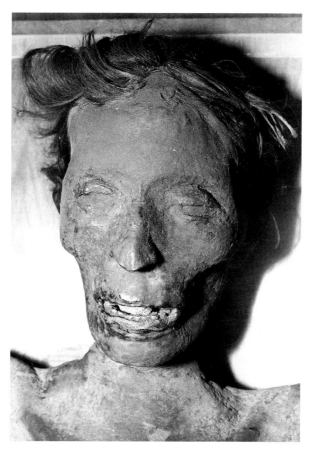

Abbildung 6/3 – Text siehe S. 142

10.7. Mumie VII (ÄS 1307)

Diese Kindermumie stammt aus dem am Eingang ins Fayum ge-
legenem Ort Hawara. Dort hatte Sir W. M. Flinders Petrie um
1880 die Pyramide von Hawara entdeckt und etwa um die gleiche Zeit auch mehrere, aus der römischen Zeit stammende Portraitmumien aufgefunden. Die uns vorliegende Kindermumie ist
ein Geschenk von Sir W. M. Flinders Petrie aus dem Jahre 1912
an die Münchner Sammlung. In Hawara findet sich auch das
von griechischen Autoren beschriebene und berühmt geworde-
ne so genannte Labyrinth, das erst im letzten Jahrhundert als
der Totentempel Amenemhet III. (1853-1806/05 v. Chr.) erkannt worden ist.

Hatte auch die im Fatum siedelnde griechische wie römische Bevölkerung mit ägyptischen Glaubensvorstellungen ebenfalls die
Mumifizierung übernommen, so ging es ihr im Gegensatz zu
den ägyptischen unpersönlichen Mumienmasken bei den Mumienportraits um die Erhaltung der individuellen Gesichtszüge
des jeweiligen Verstorbenen. Diese Portraits gehen auf die seit
dem 1. vorchristlichen Jahrhundert in Rom gängigen Totenbil-
der (Grabportraits) zurück. Die Mumienportraits des Fayum
wurden mit angewärmtem und gefärbtem (Bienen-)Wachs oder
auch mit Tempera (lat. temperare = richtig mischen) auf sehr
dünne Holztafeln aus hartem Holz gemalt und dann im Ge-
sichtsbereich der Mumie in die Mumienumwicklung eingearbeitet. Verbreitung fanden die Mumienportraits vornehmlich
bei der im Fayum lebenden Bevölkerung. Die Erörterung verschiedener Stilstufen und der Modifikation von Mumienportraits im Verlauf der Jahrhunderte findet hier keine Erörterung.

Die von uns untersuchte Mumie zeigt das Portrait eines jungen Mädchens, das allerdings wesentlich älter dargestellt ist, als es dem zugehörigen, etwa fünf- bis sechsjährigen, einbalsamierten Kind entspricht. Die auf den Mumienbildern im Vergleich zu den Verstorbenen allgemein älter dargestellten Gesichter waren nicht selten (Abbildung 7/1).

Ob dies etwas mit dem auf diese Weise zum Ausdruck gebrachtem, schon früher gehegtem Wunsch der Angehörigen nach einer höheren Lebenserwartung für den Verstorbenen zu tun hatte, sei dahingestellt.

Das Mumienportrait der von uns untersuchten Kindermumie gehört zu den frühesten seiner Art und ist sehr gut erhalten. Es stammt mit großer Wahrscheinlichkeit aus der Zeit um 70 bis 80 n. Chr. Die Wickelung der Mumie war mit großer Sorgfalt erfolgt. Sie bestand den damaligen Gepflogenheiten folgend aus einem Kassettenmuster, in dessen Mitte ein goldbemalter Stuckknopf eingenäht war. Diese kommen auf den Röntgenaufnahmen deutlich zur Darstellung (Abbildung R 7/1).

Im eklatanten Gegensatz zu dieser kostspieligen und mit großer Gewissenhaftigkeit durchgeführten Arbeit steht die gewalttätige Behandlung des Leichnams, die zu schweren, im Folgenden im Einzelnen dargestellten Schäden am Skelett des Kindes geführt hatte. Ähnliche Beschädigungen wurden auch an anderen Kindermumien beschrieben. Bei diesen wurde z.B. auch die Durchtrennung der Halswirbelsäule wie eine Abknickung der Brustwirbelsäule (Stauchung?) festgestellt. Möglicherweise stand dies im Zusammenhang mit dem Bestreben, den Leichnam klein gewachsen erscheinen zu lassen.

Abbildung 7/1:

Die Fotographie vermittelt etwas von der sehr guten Qualität des mit farbigem Wachs gemalten Bildes. Dieses sehr gut erhaltene Mumienportrait gehört zu den frühesten seiner Art. Es stammt mit großer Wahrscheinlichkeit aus der Zeit um 70 bis 80 n. Chr. (rechts: Mumienbild vergrößert).

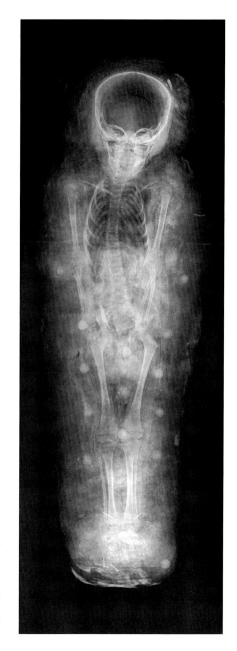

Abbildung R 7/1:

Auf der Röntgenganzaufnahme des 5 bis 6-jährigen Mädchens sind die ihr im Zusammenhang mit der Mumifizierung zugefügten Schäden zu erkennen (siehe im Folgenden). Die rechts-konvex dargestellte Wirbelsäule ist sicherlich Folge der Lagerung des kindlichen Körpers. Gut zu erkennen sind die im Zusammenhang mit der Wickelung angebrachten Knöpfe.

Offensichtlich stand es den Angehörigen frei, diese Mumien zu Hause stehend in so genannten Mumienschränken (Sargkapellen) zu verwahren, bevor sie beigesetzt wurden. Bei Festlichkeiten ließen sich diese Schränke öffnen, um den Toten Gelegenheit zu geben, an den Festen der Lebenden teilzuhaben (Diodor). Dies stand mit dem Osiriskult in magischer Beziehung.

10.7.1. Schädel

Im Bereich des knöchernen Schädels sind keine sicher pathologischen Befunde zu erkennen. Im Hinterhauptsbereich findet sich eine im Liegen erstarrte Flüssigkeit mit einem, dieser Positionierung entsprechenden, waagrechten Spiegel. Dabei dürfte es sich am ehesten um erhärtetes Harz handeln, das im Zusammenhang mit der Mumifizierung in den Schädel gelangt war (vergleiche Abschnitt 4.1.; siehe auch Abbildung 7/2).

Abbildung R 7/2:

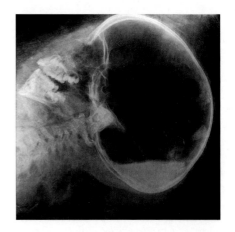

Auf der seitlichen Schädelaufnahme sind im Bereich des knöchernen Schädels keine sicher pathologischen Befunde zu erkennen. Im Hinterhauptsbereich findet sich eine im Liegen erstarrte Flüssigkeit mit einem, dieser Positionierung entsprechenden, waagrechten Spiegel. Alle 20 Milchzähne sind vorhanden und nicht kariös. Die Zahnkeime der Zähne 16, 26, 36 und 46 sind vorhanden und kurz vor dem Durchbruch. Die Zahnkeime der bleibenden Zähne sind, soweit sichtbar, zumindest im Unterkiefer vollständig angelegt und regelrecht angeordnet. Weitere Anlagen der Zähne 7 und 8 sind nicht erkennbar.

Alle 20 Milchzähne sind nachweisbar und nicht kariös. Die Zahnkeime der Zähne 16, 26, 36 und 46 sind vorhanden und kurz vor dem Durchbruch. Die Zahnkeime der bleibenden Zähne sind soweit erkennbar, zumindest im Unterkiefer vollständig angelegt und regelrecht angeordnet. Weitere Anlagen der Zähne 7 und 8 sind nicht einzusehen. Das dentale Alter des Mädchens beträgt etwa 6 Jahre.

10.7.2. Der Thorax

Eine rechts-konvexe, sicherlich durch die Lagerung verursachte Verbiegung der Wirbelsäule liegt vor. Postmortal verursacht sind sicherlich auch Dislokationen von Rippen. Das linke Schlüsselbein ist am Brustbein aus dem zugehörigen Gelenk gelöst und mit seinem medialen Teil nach kaudal verschoben. Beide Schultern sind etwas nach rechts verlagert. Etwa von der 10. Rippe an ziehen besonders links diffuse Verschattungen bis in den Beckenbereich. Der Thorax erscheint leer. Der rechte Arm liegt dem Körper an. Auch der linke Arm ist neben dem Körper gelagert, wobei, wahrscheinlich im Zusammenhang mit der Wickelung, der linke Unterarm das Becken überkreuzt und die linke Hand dadurch nahe der Symphyse zu liegen kommt.

10.7.3. Abdomen/Becken

Das Becken kommt als Folge postmortal ausgeübter Gewalt verformt zur Darstellung. Die rechte Beckenhälfte ist erheblich disloziert, die Symphyse gesprengt und verlagert. Die linke Beckenschaufel ist gleichfalls disloziert wie auch rotiert. Rotiert erscheint ebenso der linke Oberschenkelkopf. Der linke Schenkelhals kommt verkürzt zur Darstellung.

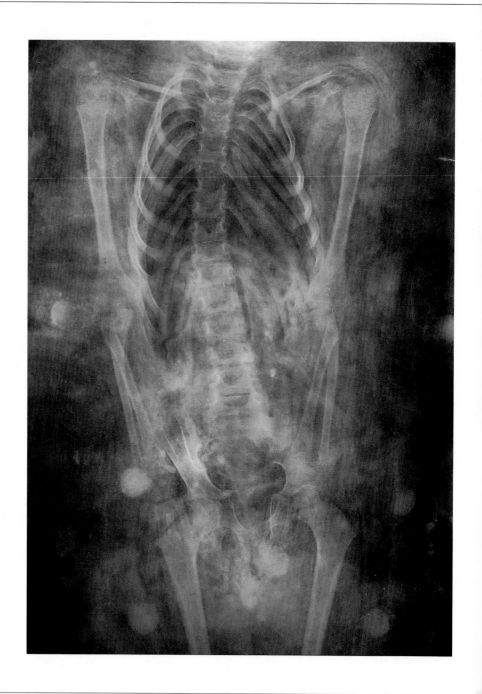

10.7.4. Untere Extremitäten

Als Folge der eben dargestellten Verformungen des Beckens ist die Achse des linken Femurs etwas stärker verschoben als die des rechten. An beiden Beinen und Füßen kein sicher pathologischer Befund. Die Epiphysen sind jeweils altersentsprechend.

10.7.5. Kurze Zusammenfassung

Die vorliegende Portraitmumie eines etwa fünf- bis sechsjährigen Mädchens gehört zu den frühesten ihrer Art und ist sehr gut erhalten. Diese Kindermumie stammt aus Hawara (Fayum), wo Sir W. M. Flinders Petrie etwa um 1880 mehrere dieser Portraitmumien gefunden hatte. Die uns vorliegende Kindermumie ist ein Geschenk von ihm an die Münchner Sammlung aus dem Jahre 1912. Im Gegensatz zu der guten Qualität des Portraits und der sorgfältigen rautenförmigen Wickelung der Mumienbinden steht die gewalttätige Behandlung des kindlichen Körpers, die zu gravierenden Schäden am Skelett des Kindes geführt hat. Mit großer Wahrscheinlichkeit stehen diese im Zusammenhang mit dem Vorgang der Mumifizierung und der Wickelung der Mumie.

Abbildung R 7/3:

Auf dieser Röntgenaufnahme sind Brustkorb und Becken zu sehen. Das linke Schlüsselbein ist am Brustbein aus dem zugehörigen Gelenk gelöst und mit seinem medialen Teil nach kaudal verschoben. Beide Schultern sind etwas nach rechts verlagert. Auch sind dislozierte Rippen dargestellt. Der rechte Arm liegt dem Körper an. Auch der linke Arm findet sich neben dem Körper, wobei sicherlich im Zusammenhang mit der Wickelung der linke Unterarm das Becken überkreuzt und die Hand nahe der Symphyse zu liegen kommt.
Das Becken ist als Folge postmortal ausgeübter Gewalt verformt. Die rechte Beckenhälfte ist erheblich disloziert, die Symphyse gesprengt und ebenfalls verlagert. Die linke Beckenschaufel ist gleichfalls disloziert, wie auch rotiert. Rotiert erscheint auch der linke Oberschenkelkopf. Der linke Schenkelhals kommt verkürzt zur Darstellung.

Zeittafel der Herrscher Ägyptens

Regine Schulz (nach Jürgen von Beckerath)*

Vorgeschichte (Prädynastische Zeit)

0. Dynastie	etwa	150 Jahre

Frühzeit

1. Dynastie

Aha (Menes)	um	3032 - 3000**
Atoti (Athotis I.)		3000 - 2999
Djer		2999 - 2952
Wadj		2952 - 2939
Dewen		2939 - 2892
Adjib		2892 - 2886
Semerchet		2886 - 2878
Qaa		2878 - 2853

2. Dynastie

Hetepsechemui	2853 - 2825
Nebre	2825 - 2810
Ninetjer	2810 - 2767
Wenegnebti	2767 - 2760
Sechemib	2760 - 2749
Neferkare	2749 - 2744
Neferkasokar	2744 - 2736
Hudjefa	2736 - 2734

Gegenkönig der 3 letzten Herrscher

Chasechemui (Peribsen)	2734 - 2707

Altes Reich

3. Dynastie

Nebka		2707 - 2690
Djoser		2690 - 2670
Djoserti		2670 - 2663
Chabai		2663 - 2639
Mesochris		” ”
Huni		” ”

4. Dynastie

Snofru		2639 - 2604
Cheops	um	2604 - 2581
Djedefre		2581 - 2572
Chephren		2572 - 2546
Bicheris		2546 - 2539

Mykerinos	2539 - 2511
Schepseskaf	2511 - 2506
Thamphthis	2506 - 2504

5. Dynastie

Userkaf	2504 - 2496
Sahure	2496 - 2483
Neferirkare	2483 - 2463
Schepseskare	2463 - 2456
Neferefre	2456 - 2445
Niuserre	2445 - 2414
Menkauhor	2414 - 2405
Djedkare Asosi	2405 - 2367
Unas	2367 - 2347

6. Dynastie

Teti	2347 - 2337
Userkare	2337 - 2335
Pepi I.	2335 - 2285
Nemtiemsaf I. (Merenre)	2285 - 2279
Pepi II.	2279 - 2219
Nemtiemsaf II.	2219 - 2218
Nitokris	2218 - 2216

7. Dynastie

(»70 Tage« nach Manetho entfallen)

8. Dynastie (17 Könige)	um	2216 - 2170

I. Zwischenzeit

9./10. Dynastie (in Herakleopolis, 18 Könige)

um	2170 - um 2020

Mittleres Reich

11. Dynastie (erst nur in Theben, später in ganz Ägypten)

Mentuhotep I.	2119 -
Antef I.	- 2103
Antef II.	2103 - 2054
Antef III.	2054 - 2046
Mentuhotep II.	2046 - 1995
Mentuhotep III.	1995 - 1983
Mentuhotep IV.	1983 - 1976

12. Dynastie

Amenemhet I.	1976 - 1947

Sesostris I.	1956 - 1911/10		
Amenemhet II.	1914 - 1879/76		
Sesostris II.	1882 - 1872		
Sesostris III.	1872 - 1853/52		
Amenemhet III.	1853 - 1806/05		
Amenemhet IV.	1807/06 - 1798/97		
Nefrusobek	1798/97 - 1794/93		

II. Zwischenzeit

13. Dynastie (ca. 50 Könige)   1794/93 - 1648
14. Dynastie (Kleinkönige im Delta)   ? - 1648
15. Dynastie (Hyksos)   1648 - 1539

Salitis	1648 - 1590
Beon	,, ,,
Apachnas	,, ,,
Chajan	,, ,,
Apophis	1590 - 1549
Chamudi	1549 - 1539

16. Dynastie (Hyksos-Vasallen, parallel zu 15. Dynastie)
17. Dynastie (nur in Theben, ca. 15 Könige)
   um   1645 - 1550

Neues Reich

18. Dynastie

Ahmose I.	1550 - 1525
Amenophis I.	1525 - 1504
Thutmosis I.	1504 - 1492
Thutmosis II.	1492 - 1479
Hatschepsut	1479 - 1458/57
Thutmosis III.	1479 - 1425
Amenophis II.	1428 - 1397
Thutmosis IV.	1397 - 1388
Amenophis III.	1388 - 1351/50
Amenophis IV./Echnaton	1351 - 1334
Semenchkare	1337 - 1333
Tutanchamun	1333 - 1323
Eje	1323 -1319
Haremhab	1319 - 1292

19. Dynastie

Ramses I	1292 - 1290
Sethos I.	1290 - 1279/78
Ramses II.	1279 - 1213
Merenptah	1213 - 1203
Amenmesse	1203 - 1200/1199
Sethos II.	1199 - 1194/93
Siptah und Tausret	1194/93 - 1186/85

20. Dynastie

Sethnacht	1186 - 1183/82
Ramses III.	1183/82 - 1152/51
Ramses IV.	1152/51 - 1145/44
Ramses V.	1145/44 - 1142/40
Ramses VI.	1142/40 - 1134
Ramses VII.	1134 - 1126
Ramses VIII.	1126 - 1125
Ramses IX.	1125 - 1107
Ramses X.	1107 - 1103
Ramses XI.	1103 - 1070/1069

III. Zwischenzeit

21. Dynastie

Smendes		1070/69 - 1044/43
Amenemnesu		1044/43 - 1040/39
Psusennes I		1044/43 - 994/93
Amenemope		996/95 - 985/84
Osochor		985/84 - 979/78
Siamun		979/78 - 960/59
Psusennes II.		960/59 - 946/45

22. Dynastie

Scheschonq I.		946/45 - 925/24
Osorkon I.		925/24 - um 890
Takelot I.	um	890 - 877
Scheschonq II.	um	877 - 875
Osorkon II.	um	875 - 837
Scheschonq III	um	837 - 798
Scheschonq IIIa	um	798 - 785
Pamai	um	785 - 774
Scheschonq V.	um	774 - 736

Oberägyptische Linie

Harsiese	um	870 - 850
Takelot II.	um	841 - 816
Padibastet I.	um	830 - 805
Iuput I.	um	816 - 800
Scheschonq IV.	um	800 - 790
Osorkon III.	um	790 - 762
Takelot III.	um	767 - 755
Rudjamun	um	755 - 735
Ini	um	735 - 730

23. Dynastie (im Delta)
Padibastet II. *(in Bubastis/Tanis)*

	um	756 - 732/30
Iuput II. *(in Leontopolis)*	um	756 - 725
Osorkon IV.	um	732/730 - 722

24. Dynastie (in Sais)

Tefnachte	um	740 - 719
Bokchoris		719 - 714

Spätzeit

25. Dynastie (Kuschiten)
Kaschta	vor	746
Pije	um	746 - 715
Schabako (Schabaka)		715 - 700
Schebitko (Schabataka)		700 - 690
Taharqo (Taharka)		690 - 664
Tanotamun		664 - um 655

Nachfolger regieren in Nubien

26. Dynastie (Saiten)
Psammetich I.	664 - 610
Necho II.	610 - 595
Psammetich II.	595 - 589
Apries	589 - 570
Amasis	570 - 526
Psammetich III.	526 - 525

27. Dynastie (1. Perserherrschaft)
Kambyses *(in Persien seit 529)*	525 - 522
Dareios I.	522/21 - 486/85
Xerxes I.	486/85 - 465/64
Artaxerxes I.	465/64 - 424
Xerxes II.	424/23
Dareios II.	423 - 405/04
Artaxerxes II. *(in Persien bis 359/58)*	
	405/04 - 401

28. Dynastie
Amyrtaios	404/401 - 399

29. Dynastie
Nepherites I.	399 - 393
Hakoris	393 - 380
Gegenkönig Psamuthis	393/392
Nepherites II.	380

30. Dynastie
Nektanebes (Nektanebos I.)	380 - 362
Teos	364/362 - 360
Nektanebos (II.)	360 - 342

31. Dynastie (2. Perserherrschaft)
Artaxerxes III. Ochos *(in Persien seit 359/58)*	342 - 338
Arses	338 - 336
Dareios III.	336 - 332
Ägypt. Gegenkönig Chababasch	
	338/37 - 336/35

Griechische Herrscher

Alexander der Große	332 - 323
Philippos Arridaios	323 - 317
Alexander IV.	317 - 306

Ptolemäer

Ptolemaios I. Soter	306/304 - 283/282
(Satrap ab 323)	
Ptolemaios II. Philadelphos	282 - 246
(Mitregent ab 285/4)	
Ptolemaios III. Euergetes I.	246 - 222/221
Ptolemaios IV. Philopator	221 - 204
Ptolemaios V. Epiphanes	204 - 180
Gegenkönig Harwennefer	206 - 200
Gegenkönig Anchwennefer	200 - 186
Ptolemaios VI. Philopator	180 - 164
und	163 - 145
(Ptolemaios VII. nicht existent)	
Ptolemaios VIII. Euergetes II.	164
und	145 - 116
Gegenkönig Harsiese	131/130
Ptolemaios IX. Soter II.	116 - 107
und	88 - 81
Ptolemaios X. Alexander I.	107 - 88
(Kleopatra) Berenike III.	81 - 80
Ptolemaios XI. Alexander II.	80
Ptolemaios XII. Neos Dionysos	80 - 58
und	55 - 51
(Kleopatra) Berenike IV.	58 - 55
Kleopatra VII. Philopator	51 - 30

Römische Kaiser

30 v. Chr. - 313 n. Chr.

* Mit freundlicher Genehmigung des Verlags Könemann, entnommen aus dem von R. Schulz und M. Seidel herausgegebenem Werk »Ägypten«.
** Die Daten von der 1. Dynastie bis zur 1. Zwischenzeit können auch um 50 Jahre später angesetzt werden. Die chronologische Tabelle basiert auf Jürgen von Beckerath, *Chronologie des pharaonischen Ägyptens.* MÄS 46, 1997. Die Schreibungen der Königsnamen richten sich vorwiegend nach dem *Lexikon der Ägyptologie.*

Anmerkung des Verfassers (M.):
[1] Thinitenzeit benannt nach Thinis (This), einem Ort nahe Abydos. Betrifft die Zeit der ersten beiden Dynastien (ca. 3032 - ca. 2707 v. Chr.). Diese Bezeichnung geht ebenso auf Manetho (ägypt. Priester und Historiker; 3. Jh. v. Chr.; vergl. dazu Menses) zurück, wie die erste Einteilung der ägyptischen Herrscher in Dynastien.
[2] Amarnazeit, benannt nach Amarna (Tell el-Amarna), dem modernen Namen der Ruinenstätte der von Echnaton (Amenophis IV. 1351-1334 v. Chr.; 18. Dynastie) unter dem Namen Achet-Aton (»Lichtberg des Aton«) erbauten Königsstadt, die nach dessen Tod verlassen und nicht mehr besiedelt wurde.
[3] Ramessidenzeit betrifft die 19. und 20. Dynastie (1292 - 1070 (69) v. Chr.), benannt nach »Ramses«, einem in diesen Dynastien häufig vorkommenden Namen.

Sarkophagmaske, Ende 23. Dynastie, ≈ 730 v. Chr., Fundort: Abusir

12. Literaturverzeichnis

Eine bibliographische Übersicht zur Thematik kann dieses Literaturverzeichnis nicht geben. Im Text näher gekennzeichnet wurden nur wörtlich wiedergegebene Zitate. Schon um der Übersichtlichkeit willen wurde von einer Kennzeichnung mit der Sekundärliteratur im Zusammenhang stehender Inhalte abgesehen. Die in Betracht kommenden Werke sind im Literaturverzeichnis angeführt.

ASSMANN J., *Tod und Jenseits im alten Ägypten,* München 2001

BAHN P. G., *Tombs, Graves a. Mummies,* New York 1996

BARLOEVEN V. C., *Der Tod in den Weltkulturen und Weltreligionen,* München 1996

BITSCHAI J., *A History of Urology,* Riverside Press, 1956

BREASTED J. H., *The Edwin Smith Surgical Papyrus,* Univ. of Chicago Press, 1930

BUCKLEY S. A., R. P. EVERSHED, *Organic chemistry of embalming agents in Pharaonic and Graeco-Roman mummies,* Nature, Bd. 413, S. 837

BONNET H., *Reallexikon der ägyptischen Religionsgeschichte,* Berlin 1952

CHRIST W. u. J. LAUTH, *Führer durch das königl. Antiquarium,* München 1870

CHRIST W. u. J. LAUTH, *Führer durch das k. Antiquarium,* München 1878

CHRIST W. u. J. LAUTH, *Führer durch das k. Antiquarium,* München 1891

CHRIST W. u. J. LAUTH, *Führer durch das k. Antiquarium,* München 1901

COCKBURN AIDAN AND EVE, *Mummies Disease and Ancient Cultures,* Cambridge, 1980

CZERMAK, J., *Beschreibung und mikroskopische Untersuchung zweier ägyptischer Mumien,* Sonderberichte, Akad. d. Wiss., Wien 1852

DIODOROS, *Griechische Weltgeschichte,* Buch I-X, zweiter Teil, Verl. A. Hiersemann, Stuttgart 1993

DEINES V. H., GRAPOW H., WESTENDORF W., *Übersetzung der medizinischen Texte,* Berlin, 1958

EBBELL B., *Altägyptische Bezeichnungen für Krankheiten und Symptome,* Oslo 1938

EBBELL B., *The Papyrus Ebers,* Copenhagen 1937

EBERHARD O., *Osiris und Amun*, München 1966

EBSTEIN W., *Die Medizin im Neuen Testament und im Talmud*, Stuttgart 1903

EBSTEIN W., *Die Medizin im Alten Testament*, München 1965

EDWARDS I. E. S., *Tutanchamun*, Bergisch Gladbach 1978

ENGELBACH, R.-D., E. DERRY, *Mumification*, ASAE 41, 1942)

FRANKE W., *Nutzpflanzenkunde*, Stuttgart 1992

FRÖHLICH W. G., *Sitten und Gebräuche der Nubier, insbesondere die Mädchenbeschneidung und ihre Folgen*, Schweiz. Med. Wschr., 1921

GERMER R., GEßLER-LÖHR B., PIETSCH U. u. WESS H.-D, *Die Wiederentdeckung der Lübecker Apotheken-Mumie*, Antike Welt, 26, 1952

GERMER R., *Das Geheimnis der Mumien*, Hamburg 1994

GIACOMETTI L., B. CHIARELLI, *The Skin of Egyptian Mummies*, Arch. of Dermatology, Vol. 97, 1968

GOEPFERT W., *Drogen auf alten Landkarten und das zeitgenössische Wissen um ihre Herkunft*, Inaug.-Diss. z. Erlangung des Doktorgrades der Math.-Naturw. Fakultät d. Univ. Düsseldorf 1985

GÖRG M., *Mythos, Glaube und Geschichte*, Düsseldorf 1992

GÖRG M., *Ein Haus im Totenreich*, Düsseldorf 1998

GÖRG M., *Die Barke der Sonne*, Freiburg 2001

GRAPOW H., *Anatomie und Physiologie, Medizin der alten Ägypter*, Berlin 1954

GRAPOW H., *Von den medizinischen Texten*, Berlin 1955

GRAPOW H., *Kranker, Krankheiten und Arzt*, Berlin 1956

GRAY P. H. K., *Radiological Aspects of the Mummies of Ancient Egypzians in the Rijksmuseum van Oudheden*, E.J. Brill, 1966

GRAY P. H. K., *Two Mummies af Ancient Agyptians in the Hancock of Museum*, Newcastle. J. of Egypt. Archeol. 53, 1967

GUITEL G., Histoire comparée des numérations écrites, Paris 1975

HARRISON R.G., *An Anatomical Examination of the Pharaonic Remains purported to be Akhenaten*, J. of Egypt. Archeol., 52, 1966

HELCK W. u. OTTO E., Hrg., *Lexikon der Ägyptologie*, Wiesbaden 1975

HERODOT, *Historien I-V und VI-IX*, München 1999

HUNTER DARD, *Papermaking*, New York 1978

JANSSENS P.A. UND F. DUQUENNE, *Untersuchungen an zwei Mumien aus altrömischer Zeit*, Röntgen, 20, 1973

KAMAL HASSAN, *A Dictionary of Pharaonic Medicine*, The National Publication Hose, Cairo 1967

KNIEBEL CLAUS, *Paläodontologische Untersuchung der Skelettfunde vom Tahkt-I Suleiman*, Diss., Freie Universität Berlin, 1986

KOLTA K. S., U. R. ROTHE, *Mumifikation im alten Ägypten*, Bayer. Ärzteblatt, 5, 1980

KOLTA K. S. U. D. SCHWARZMANN-SCHAFHAUSER, *Die Heilkunde im Alten Ägypten*, Stuttgart 2000

LAUTH, F. J., *Katalog der Münchner Aegyptica*. Erklärendes Verzeichniss der in München befindlichen Denkmäler des ägyptischen Althertums, München, 1865

LEAKE, CH. D., *The Old Medical Papyri*, University of Kansas Press, 1952

LÖWENSTEIN, *Die Beschneidung im Lichte der heutigen medicinischen Wissenschaft, mit Berücksichtigung ihrer geschichtlichen und unter Würdigung ihrer religiösen Bedeutung*, Arch. f. klin. Chirurgie, Berlin, 1897

MANNICHE L., *An Ancient Egyptian Herbal*, London 1993

MARXER N. U. W.-D MÜLLER-JAHNKE, *Der Mumienbegriff bei Theophrast von Hohenheim, genannt Paracelsus (1493-1541)*, Seminararbeit

MEYER-HICKEN B. R., *Über die Herkunft der Mumia genannten Substanzen und ihre Anwendung als Heilmittel*, Inaug.-Diss., Fachber. Medizin, Chr.-Albr. Universität Kiel, 1978

MONTET P., *Das alte Ägypten und die Bibel*, Zürich 1960

MOODIE R.L., *Diseases of the Ancient Egyptian*, in: *Paleopathology*, Urbana III., Univ. of III. Press, 1923

N. N., *Das Mädchen mit den großen Augen – ist 2000 Jahre alt*, Agfa-Gevaert, Z.f.d. Mitarb., 1-68

NEISS A., *Anthropologie im Röntgenbild*, Sonderdruck aus: *Homo*, 9. Tagung d. Dtsch. Gesellschaft für Anthropologie

PAULY-WISSOWA, *Der kleine Pauly*, München 1979

PICHOT A., *Die Geburt der Wissenschaft*, 1995, Frankfurt am Main

PIETSCHMANN ?, (ausgeschnittene Fußsohlen) Z. f. Ethnologie 1878, 165

PREUSS J., *Biblisch-Talmudische Medizin*, Reprint 1992 (1911) Wiesbaden

RACHET G., *Lexikon des alten Ägypten*, Darmstadt 1999

REICKE B. U. L. ROST, *Biblisch-Historisches Handwörterbuch*, 1964, Göttingen

ROEDER G., *Urkunden zur Religion des Alten Ägypten*. In: *Religiöse Stimmen der Völker*, Jena, 1915

RUFFER, M. A., *Remarks on the Histology and Pathological Anatomy of Egyptian Mummies*, Cairo Scientific J., 4 (Nr. 40) 1910

RUFFER, M. A., *Note on the Presence of Bilharzia haem. in Egyptian Mumies*, Brit. Med. J. I., 16, 1910

RUFFER M. A., *Studies in Paleopathology of Egypt*, Moody, R. L. (editor), Chicago: University of Chicago Press 1921

SCHMIDT W. A., *Chemische und biologische Untersuchung von ägyptischem Mumienmaterial, nebst Betrachtungen über das Einbalsamierungsverfahren der alten Ägypter*, Z. f. allgem. Physiologie, 7 (1908)

SCHULZ R. U. M. SEIDEL, *Ägypten*, Köln 1997

SEEBER CHRISTINE, *Untersuchungen zur Darstellung des Totengerichts im Alten Ägypten*, MÄS 35, 1976

SETHE K., *Zur Geschichte der Einbalsamierung bei den Ägyptern und einiger damit verbundener Bräuche*, Sitzungs-Ber. d. Preuss. Akad. d. Wiss., XIII,1934

SIGERIST H. E., *Anfänge der Medizin*, Zürich 1963

STRABO, *Erdbeschreibung in siebzehn Büchern*, Teil 3, Buch XIV-XVII Hildesheim, 1988

SUDHOFF KARL, *Ägyptische Mumienmacher – Instrumente*, Arch. f. Gesch. d. Medizin, 5, 1911

TÄCKHOLM VIVI UND MOHAMMED DRAR, *Flora of Egypt III*, Cairo University, Bulletin of the Faculty of Science, Vol. 30, Kairo 1954

TAYLOR J. H., *Death and the Afterlife in Ancient Egypt*, London 2001

WAHL S. F., *Abdallatif's eines arabischen Arztes Denkwürdigkeiten Ägyptens in Hinsicht auf Naturreich und physische Beschaffenheit des Landes usw.*, Halle 1790

WESER U., KAUP Y., *Borate, an Effective Mummification Agent in Pharaonic Ägypt*, Z. Naturforsch., 57b, 2002

WESTENDORF W., Hdb. d. altägyptischen Medizin, Köln 1999

WOLF W., *Das alte Ägypten*, Darmstadt 1971

DER KRANKHEITSBEGRIFF IN DER ALTÄGYPTISCHEN HEILKUNDE

D. Schwarzmann-Schafhauser und K. S. Kolta

GLIEDERUNG

1. Krankheit als Begriff und als Zustand

Was der altägyptische Arzt unter krank sein verstand und wie er sich die Erkrankung erklärte, lässt sich nur schwer in modernen Begrifflichkeiten darstellen. Zu widersprüchlich und verschiedenartig sind die altägyptischen Vorstellungen von dem, was Kranksein eigentlich bedeutete. Immerhin konnte aber der Gegensatz Krankheit – Gesundheit konstruiert werden[1], auch wenn Leidenszustände unter dem Krankheitsbegriff subsumiert wurden, die nach heutigem Verständnis keinerlei Krankheitswert besaßen (wie etwa Liebeskummer[2]).

Über Krankheit als subjektiv erlittener Zustand sind wir dagegen besser informiert. Als solcher kann Krankheit relativ kulturinvariant sein, ohne dies freilich sein zu müssen, wie nachfolgende Beschreibungen subjektiven Krankheitserlebens aus Texten außerhalb des medizinischen Bereiches zeigen.

Im Sinuhe-Roman lässt sich die Beschreibung eines Ohnmachtsanfalls, den Sinuhe während einer Königsaudienz erlitt, greifen:

---

[1] Nach der Anwendung eines Heilmittels »wird einer, der krank war, sofort gesund, wie einer, der nicht krank war«, pEb 251. Im literarischen Werk »Der Streit des Lebensmüden mit seiner Seele« heißt es: »... der Kranke wird gesund, wie wenn er nach der Krankheit ausgeht«, Erman (1971), S. 129

[2] Harris (1942), S. 77: »Sieben Tage von gestern an habe ich meine Geliebte nicht gesehen, Und Krankheit ist über mich gekommen. Und meine Glieder sind schwer geworden, Und ich kenne meinen eigenen Körper nicht mehr. Wenn die Meisterärzte zu mir kommen, Wird mein Herz von ihren Heilmitteln keine Erleichterung haben, Und auf die Zauberer ist kein Verlaß, meine Krankheit wird nicht erkannt ... besser als jedes Heilmittel wäre für mich meine Geliebte.«

»(Ich lag auf dem Bauch ausgestreckt), ich wußte nichts (mehr) von mir, während der König mich freundlich begrüßte. Ich war wie ein Mann, ergriffen von der Dämmerung. Meine Seele war gegangen. Mein Körper war matt geworden. Mein Herz, nicht war es in meinem Bauch. Ich hatte aber noch Kenntnisse vom Leben mehr als vom Tod (denn ich hörte die Stimme des Königs)«[3].

Ein anderes subjektives Krankheitserleben wird von einer Götterlegende tradiert. Ihr zufolge soll die Göttin Isis den Sonnengott Re mit einer vergifteten Speerspitze verletzt haben, um seinen geheimen Namen zu erfahren. Daraufhin konnte Re aufgrund der heftigen Schmerzen nicht sprechen »nicht fand er seinen Mund, um darauf zu antworten, indem seine Lippen zuckten und alle seine Glieder zitterten«. Später berichtet er: »Ich kostete nichts so Schmerzhaftes wie dies, es gibt nichts Krankhafteres als dies ... mein Herz hat Hitze, mein Körper zittert. Alle meine Glieder haben Schüttelfrost. Ich bin kälter als Wasser, ich bin heißer als Feuer, mein ganzer Körper ist mit meinem Schweiß bedeckt. Mein Auge zittert, ohne fest zu bleiben. Ich kann nicht klar sehen. Der Himmel regnet auf mein Gesicht mitten in der regenlosen Zeit ... das Gift brennt mit einem Brennen mächtiger als Flamme und Feuer«[4]. Am Ende der Sage folgt eine Verordnung gegen Skorpiongift, was den Schluss nahe legt, dass es sich bei dem applizierten Toxin um Skorpiongift gehandelt haben könnte.

---

[3] Gardiner (1909), S. 13, Zl. 253-356, Gardiner (1935) Bd. II, S. 33-38, Sethe (1959) S. 14, Zl. 10-14.

[4] Roeder (1915) S. 138-141, Grapow (1956) Bd. III, S. 20-21, Brunner-Traut (1963) S. 115-120

2. Die magisch-religiöse Krankheitserklärung

Auch wenn es mehrere Ebenen des Krankheitsbegriffes gab, so wurde das Leiden doch im Wesentlichen aus der Religion/Magie heraus als Strafe oder Wille der Götter oder als willkürlicher Akt (als das »von außen Eindringen«) eines Dämons begriffen. Selbst bei exogen ausgelösten, traumatologischen Erkrankungen (durch Sturz, Biss, Verbrennung usw.) konnte als tiefere Ursache das Wirken einer Gottheit oder eines Dämons angenommen werden. Dies galt in noch höherem Maße für endogene Krankheiten, die sich im Innern des Körpers, auf Grund einer »Verstopfung« herausbilden konnten. Abführmittel wurden verabreicht, nicht nur um die »Verstopfung« zu beheben, sondern auch um »den Zauber« bzw. »den Toten im Bauch« zu beseitigen.

Geisteskrankheiten wurden ausschließlich auf die übernatürliche Ebene gehoben. Nach der altägyptischen Vorstellung war das Herz der Sitz des Verstandes und des Gemütes. So lesen wir in den »Glossen zu Ausdrücken über krankhafte Zustände des Herzens«: »Was anbetrifft: das *neba-sein* wegen etwas, das von außen eingetreten ist. Das bedeutet, dass sein Herz »*neba*« ist, infolge von etwas, das von außen eingetreten ist«[5], wobei *neba-sein* nach den Ägyptologen Deines und Westendorf als Besessenheit aufzufassen ist.[6]

---

[5] pSm Fall 8 (4, 5-18)
[6] Deines/Westendorf (1961) Bd. VII, 1, S. 455, Ebbell (1938) S. 25

Jede Störung von Geist und Körper konnte somit auf eine übernatürliche Ursache zurückgeführt werden. Dies musste aber nicht zwingend so sein. So lesen wir im Papyrus Smith die Warnung an den Arzt beim Vorliegen einer gedeckten Schädelverletzung den Patienten als einen zu behandeln, »bei dem etwas, das von außen eintritt, zugeschlagen hat«, womit – wie die Glosse erklärend hinzufügt – »der Hauch eines Gottes von außen oder eines spukenden Toten« gemeint war.[7] Der Abgrenzungsversuch zeigt, dass eine Krankheit auch ohne übernatürliche Einwirkung traumatisch verursacht sein oder sich im Körper »herausbilden«, im Körper »entstehen« konnte. Dennoch scheint das magische Moment in der altägyptischen Krankheitsvorstellung größer gewesen zu sein, als bisher (seit der Entdeckung des Papyrus Smith) angenommen wurde.[8]

Konsequenterweise spielte denn auch die Dämonenbeschwörung und das an zahlreiche Gottheiten gerichtete Gebet um Hilfe und Genesung eine nicht zu übersehende Rolle in den therapeutischen Handlungsanweisungen der überlieferten Texte. So lesen wir etwa im Zusammenhang mit einer Schnupfenbehandlung folgende Beschwörungsformel: »Fließe aus Schnupfen, Sohn des Schnupfens, ... komme heraus auf die Erde, verfaule, verfaule!«.[9] Zaubersprüche konnten aber auch die Form eines Gebets annehmen. Denn Krankheit wurde nicht nur als das Werk von Dämonen angesehen, sondern auch als Wille und Strafe der Götter. Die löwenköpfige Göttin Sachmet, eine rä-

---

[7] Westendorf (1992) S. 27-28, vgl. pSm Fall 8 (4, 5-18)
[8] vgl. dazu auch Kolta/Schwarzmann-Schafhauser (2000), S. 58-59
[9] pEb 763 (90, 15-91, 1)

chende Gottheit, galt zum Beispiel als Botin des Todes, die Unheil und Seuchen in die Welt brachte. Oder wir lesen, dass der Gott Ptah einen Mann erblinden ließ, weil er in seinem Namen einen Meineid geschworen hatte. Der Kranke flehte: »Ich bin ein Mann, der im Namen von Ptah falsch geschworen hat. Und er ließ mich bei Tag die Dunkelheit sehen ... Hüte dich den Namen Ptahs eitel zu nennen ... Sei mir gnädig, schau mich an, auf das du gnädig sein mögest«.[10] An anderer Stelle lesen wir von einem Leidenden, der sich gegen die Göttin der thebanischen Nekropole versündigt hatte: »Ich war in der Hand der Göttin bei Tag und Nacht. Ich saß auf dem Gebärziegel wie eine Schwangere. Ich rief nach Luft, aber sie kam nicht zu mir«.[11]

Das Gebet konnte die Götter gnädig stimmen und den Kranken von der ihm auferlegten Strafe, der Krankheit, erlösen. Prinzipiell konnten alle Gottheiten in diesem Zusammenhang angesprochen werden, aber es gab auch ausgesprochene Heilgötter, an die man sich im Krankheitsfall bevorzugt wandte. Dazu zählten Thot, Horus und Amun, die den Titel *swnw* führten und somit als Ärzte der Götter galten. Obwohl nicht explizit als Arzt genannt, dürfte auch die Göttin Isis zu diesen göttlichen Heilern gezählt haben. Es ist anzunehmen, dass diese »Arzt«-Gottheiten ihre im Einzelfall sehr spezielle Heilfunktion aus der entsprechenden Rolle in der Mythe erhielten.

[10] Peet (1931) S. 89
[11] Erman (1923) Denksteine, Text C

3. Nilstromkonzept, »Verstopfung« und umherziehende Schadstoffe – das naturalistische Krankheitsverständnis

Fraglos gab es neben dem magisch-religiösen noch einen zweiten rationalen Krankheitsbegriff. Dieses rationale Verständnis von Gesundheit und Krankheit, das die altägyptische Heilkunde zu Recht in einem besonderen Licht erscheinen lässt, ruhte aber in weit geringerem Maße als in jüngster Zeit angenommen empirisch erfahrbaren Zusammenhängen auf.[12] Stattdessen hatte es vorwiegend spekulativen Charakter. In der Erklärung von Krankheit und Gesundheit orientierte man sich am Leitbild des alles beherrschenden Nils und seiner Kanalisation.[13] In Analogie zum lebensspendenden Nil wurde die Existenz eines körpereigenen Versorgungs- und Ableitungsstromes angenommen, dessen ausreichende »Regulierung« und intakte Kanalisation als entscheidend für das Wohlbefinden galten.

Auch die wichtigsten inneren Körperteile und Organe, nämlich *ib* (auch *hatj*), *ra-ib* und *mtw*, die bislang heutigen anatomischen Assoziationen entsprechend – mit Herz, Magen und Gefäßen übersetzt wurden – scheinen ihren anatomischen Platz und ihre physiologische Funktion durch die Einbindung in diese Vorstellung erhalten zu haben.

Wesentliche Funktion in der Vorstellung vom körpereigenen Stromsystem hatten die *mtw,* die mit Gefäßsystem nur unzurei-

---

[12] vgl. Majno (1982), Worth Estes (1989), Reeves (1992), Nunn (1992)
[13] vgl. dazu Schwarzmann-Schafhauser (1998) S. 143-151

chend und irreführend übersetzt sind. Der altägyptische Ausdruck *mtw (metu)* entstammte ursprünglich dem Wasserbau und bedeutete Kanal. Unter *metu* des Körpers verstand der altägyptische Arzt indessen nicht nur einen Kanal im Sinne eines Gefäßes, sondern auch einen Kanal im Sinne eines Hohlorgans, ja sogar im Bedeutungszusammenhang Muskelstrang oder Sehne wurde der Terminus *mtw* verwendet.

Durch die *metu*-»Kanäle« wurden – nach dem Leitbild des Versorgungs- und Ableitungsstromes – Wasser und Luft als die wesentlichen Elemente zu allen Körperstellen transportiert und Kot, Harn, Samen und Schleim ausgeschieden. In der Aufnahme, Verteilung und Ausscheidung dieser Stoffe scheint dem *hatj*-Herzen eine Schlüsselrolle zugekommen zu sein. So lesen wir von *metu*, die Wasser und Luft zum *hatj*-Herzen führen, wir lesen aber auch von *metu*, die ausgehend vom *hatj*-Herzen zu allen Körperteilen führen und diese mit Wasser und Luft versorgen, oder von *metu*, welche die Körperausscheidungen vom *hatj*-Herzen zum After leiten. Keinesfalls darf dieses *mtw*-»System« – wie in jüngster Zeit geschehen[14] – im Sinne eines primitiven (Blut) Kreislauf-, Atmungs- oder Verdauungsmodells interpretiert werden. Dies würde bedeuten, das metaphorische Bild zu ignorieren, das im *hatj*-Herzen wohl eher einen Verteiler oder Bewässerer im körpereigenen Strom sah. Dies trifft sich mit der Bedeutung des *hatj*-Herzens als Zentrum des Geistes und als symbolischer Mittelpunkt des Menschen. Als einziges Organ konnte das *hatj*-Herz denn auch ein eigenständiges Leben führen, es konnte »sprechen«.

---

[14] Nunn (1996) S. 55

Im Bedeutungszusammenhang Herz kennt die altägyptische Literatur jedoch nicht nur den Terminus *hatj,* sondern auch die Bezeichnungen *ib* und *ra-ib.* Letztere konnten auch eine zweite Bedeutung als »Brotempfänger« haben, was bislang die meisten Bearbeiter zu der Übersetzung »Magen« bewog[15] – eine Übersetzung, die indes eine Exaktheit anatomischer Vorstellungen impliziert, die dem Wissen des altägyptischen Arztes nicht gerecht wird. Vielmehr dürfte es sich beim *ra-ib,* wörtlich übersetzt dem Mund des Herzens, um einen – dem Herzen zugehörigen – Teil des körpereigenen Stromsystems gehandelt haben. Der altägyptische Arzt konnte weder zwischen Herz und »Magen« unterscheiden, noch war eine weitergehende Differenzierung des Magendarmtraktes möglich.[16]

Die Erkrankungen des *ra-ib* – in den Papyri mit *shn* bezeichnet – waren die mit Abstand dominierendsten Krankheitsformen der Schriftquellen. Leiden, die bislang – auf dem Boden heutiger medizinischer Assoziationen und unter dem Einfluss antiker Schriftsteller – mit »Verstopfung« wiedergegeben und als Obstipation in Richtung einer Verdauungsstörung gewertet wurden. Dazu passen auch einige Textstellen der Papyri. So lesen wir: »Wenn du einen Mann untersuchst mit einer Verstopfung seines *ra-ib* … dann sollst du dazu sagen es ist eine Anschwellung von Kot, die sich noch nicht gefestigt hat«. Oder es heißt: »Sie, die mtw, sind überflutet mit Kot«. Wenn das *metu* Ableitungssystem nicht ausreichend funktionierte, wenn es zur Stauung, Überfüllung oder Verstopfung in den Kanälen kam, konnte

---

[15] vgl. etwa Grapow (1954) S. 70
[16] Schwarzmann-Schafhauser/Kolta (1998) S. 147

Krankheit entstehen. In diesem Zusammenhang kam besonders dem Kot eine wichtige pathogenetische Rolle zu: »Die Ausscheidungen sind es, die ihr (der Krankheit) Kommen leiten«.[17]

Unter Verstopfung verstand man indessen nicht nur eine Obstipation im heutigen Sinne, sondern auch ganz allgemein die Verlegung eines Stromlaufes durch ein Hindernis mit konsekutivem Rückstau vor und Mangelversorgung nach dem Hindernis. Darauf deuten Krankheitsbeschreibungen hin, die von einer Sandbank, von einer verstopften Fahrrinne oder von einem quer gelegten Hindernis sprechen – und dies nicht nur im Magendarmtrakt, sondern auch in den Augen oder im *hemet*-Körperteil (dem inneren Genitale) der Frau.[18] Nach dem metaphorischen Bild des Versorgungs- und Ableitungsstromes resultierte jede Stockung, jedes gestörte Fließen des Stromes in Krankheit.

Eine solche Stockung konnte konsekutiv dann auch zu Beschwerden in – vom Ort der Störung – weit entfernten Körperteilen führen, etwa zu Schwellungen im Rücken, zu entzündeten Augen oder zu einer laufenden Nase. In diesem Zusammenhang kam den umherziehenden »Schadstoffen« *whdw* und den umherziehenden Schleimstoffen *st.t* eine wesentliche Rolle zu. Sie konnten sich durch die *metu*-Kanäle im Körper verbreiten. So lesen wir: »Wenn du untersuchst einen Mann, der an seinem *ra-ib* leidet und du findest es auf seinem Rücken wie das, was ein (vom Skorpion) Gestochener ertragen muß. Dann sollst du dazu sagen: es sind Schadstoffe, die abgelenkt sind auf seinen Rü-

---

[17] pBln 163 h (16,3-16,5)
[18] Schwarzmann-Schafhauser/Kolta (1998b) 153-161

cken«.[19] Oder es heißt: »Wenn du untersuchst einen Mann, der an seinem *ra-ib* leidet, er erbricht sich oft; wenn du es findest, indem es vorn an ihm ist, seine beiden Augen sind entzündet, seine Nase, sie läuft. Dann sollst du dazu sagen: es sind Fäulnisprodukte seiner Schleimstoffe«.[20]

Der Vergleich zur Nilkanalisation drängt sich förmlich auf. Die durch die Stockung hervorgerufenen Stauung der »Abwässer« führt, so der denkbare theoretische Hintergrund, zur Bildung von »Fäulnisstoffen«, die sich – wenn die Verstopfung nicht beseitigt wird – über die *metu*-Kanäle im gesamten Körper verbreiten und so die verschiedenartigsten Krankheiten hervorrufen können. Eine – häufig in der Literatur geäußerte – Gleichsetzung dieser umherziehenden Fäulnisstoffe *(whdw, st.t)* mit Eiter, Sepsis, Septikämie, Pyämie, Toxämie oder gar Metastasierung im heutigen Sinne dürfte ihrem metaphorischen Bedeutungsinhalt nicht gerecht werden.

Die therapeutische Konsequenz liegt auf der Hand. So lesen wir bei Herodot: »Die Ägypter gebrauchen Abführmittel drei Tage hintereinander jeden Monat und sorgen für ihre Gesundheit durch Brechmittel und Klistiere, da sie der Meinung sind, dass alle Krankheiten der Menschen von den Speiseresten entstehen«.[21] Diodor ergänzt diese Aussage folgendermaßen: »Um den Krankheiten vorzubeugen, pflegen die Ägypter den Körper mit Klistieren, Fasten und Brechmitteln, manchmal Tag für Tag, zuweilen setzen sie aber auch drei oder vier Tage aus. Sie mei-

---

[19] pEb 200 (40,5-10)
[20] pEb 206 (41,21-42,8)
[21] Herod. II 77

nen nämlich, dass von aller im Körper verdauten Nahrung der größere Teil überflüssig sei und dass sich aus diesem die Krankheiten erzeugen. Und da nun die angegebene Behandlungsweise die Ursachen der Krankheit entferne, so werde auf diese Weise am besten für die Gesundheit gesorgt«.[22]

Auf das Leitbild der – in den verlegten Kanälen – verfaulenden Körpersäfte (»Speisereste«) als Ursache innerer Erkrankungen lässt sich indessen die Krankheitsvorstellung des altägyptischen Arztes nicht in jedem Fall eindeutig und widerspruchsfrei zurückführen.

So gibt es Textstellen, die darauf hinweisen, dass die *metu*-Kanäle – auch selbst unabhängig von ihren Inhaltsstoffen – Krankheiten auslösen oder aufnehmen (Dämonen, spukende Tote, Gottheiten) konnten. Wir lesen zum Beispiel: »Es sind zwei *mtw* in ihm (dem Mann) zu seinem Oberschenkel. Wenn er an seinem Oberschenkel leidet, seine beiden Beine zittern, dann sollst du dazu sagen: der *mt* seines Oberschenkel ist es, er hat eine Krankheit empfangen«.[23] Oder es heißt: »Es sind 2 *mtw* in ihm zu seiner Brust. Sie sind es, die *tw*-Hitze im After machen«.[24]

Auch die umherziehenden Schmerz- und Schleimstoffe konnten nicht bloß als Folgeerscheinungen einer vorausgehenden »Verstopfung« entstehen, sondern ebenfalls als Urheber verschiedener Erkrankungen aufgefasst werden.[25] Ihre Bedeutungsinhalte

---

[22] Diod. Bibl. Hist. I 82
[23] pEb 856 d
[24] pEb 856 c (103, 3-5)
[25] Kolta/Tessenow (2000) S. 38-52

sind vielfältig, sie können von empirisch beobachtbaren (Einge-weide) Würmern bis hin zu übernatürlichen Schadstoffdämonen reichen.

In seiner Vielschichtigkeit und Widersprüchlichkeit entzieht sich der altägyptische Krankheitsbegriff immer wieder modernen Deutungsversuchen. Die aufgezeigten Modelle – das magisch-religiöse und das naturalistische – können deswegen auch nicht mehr sein als (wenn auch wertvolle) heuristische Instrumente in der Annäherung an eine – letztlich immer rätselhaft und verborgen bleibende – archaische Sichtweise auf Gesundheit und Krankheit.

4. Literaturverzeichnis

BRUNNER-TAUT: Emma Brunner-Traut, *Altägyptische Märchen*, Düsseldorf und Köln 1963

DEINES/WESTENDORF: Hildegard von Deines und Wolfhart Westendorf, *Wörterbuch der medizinischen Texte*, erste Hälfte, *Grundriß der Medizin der alten Ägypter*, hrsg. von Hermann Grapow, Bd. VII 1, Berlin 1961

EBBELL: Bendix Ebbell, *Altägyptische Bezeichnungen für Krankheiten und Symptome*, Oslo 1938

ERMAN: Adolf Erman, *Die Literatur der Ägypter*, Leipzig 1923, Nachdruck Hildesheim 1971

GARDINER: Alan Gardiner, *Die Erzählung des Sinuhe und die Hirtengeschichte*, Leipzig 1909

GARDINER: Alan Gardiner, *Hieratic Papyri in the British Museum*, Third Series, Bd. 1, London 1935

GRAPOW: Hermann Grapow, *Anatomie und Physiologie*, *Grundriß der Medizin der alten Ägypter*, hrsg. von Hermann Grapow, Bd. I, Berlin 1954

GRAPOW: Hermann Grapow, *Von den medizinischen Texten. Art, Inhalt, Sprache und Stil der medizinischen Einzeltexte sowie Überlieferung, Bestand und Analyse der medizinischen Papyri. Grundriß der Medizin der alten Ägypter*, hrsg. von Hermann Grapow, Bd. II, Berlin 1955

GRAPOW: Hermann Grapow, *Kranker, Krankheiten und Arzt. Vom gesunden und kranken Ägypter, von den Krankheiten, vom Arzt und von der ärztlichen Tätigkeit, Grundriß der Medizin der alten Ägypter*, hrsg. von Hermann Grapow, Bd. III, Berlin 1956

HARRIS: James Harris, *The Legacy of Egypt*, Oxford 1942

KOLTA/SCHWARZMANN-SCHAFHAUSER: Kamal Sabri Kolta und Doris Schwarzmann-Schafhauser, *Die Heilkunde im Alten Ägypten. Magie und Ratio in der Krankheitsvorstellung und therapeutischen Praxis*, Stuttgart 2000 (= Sudhoffs Archiv, Beihefte 42)

KOLTA/TESSENOW: Kamal Sabri Kolta und Hermann Tessenow, *»Schmerzen«, »Schmerzstoffe« oder »Fäulnisprinzip«? Zur Bedeutung von whdw, einem zentralen Terminus der alltäglichen Medizin*. In: Zschr. ZÄS 127 (2000) S. 38-52

MAJNO: Guido Majno, *The Healing Hand. Man and Wound in the Ancient World*, Harvard 1982

NUNN: John F. Nunn, *Ancient Egyptian Medicine*, London 1996

PEET: Thomas Eric Peet, *A Comparative Study of the Literatures of Egypt, Palestine and Mesopotamia*, London 1931

REEVES: Carole Reeves, *Egyptian Medicine*, Buckinghamshire 1992 (= Shire Gyptology Series, 15)

ROEDER: Günther Roeder, *Urkunden zur Religion des alten Ägypten*, Jena 1915, Nachdruck Düsseldorf und Köln 1978

SCHWARZMANN-SCHAFHAUSER/KOLTA: Doris Schwarzmann-Schafhauser und Kamal Sabri Kolta, *Die naturalistische Krankheitsvorstellung des altägyptischen Arztes. Anmerkungen zur modernen Konzeptualisierung einer archaischen Heilkunde*, Würzburger medizinhistorische Mitteilungen 17 (1998) S. 143-152

SCHWARZMANN-SCHAFHAUSER/KOLTA: Doris Schwarzmann-Schafhauser und Kamal Sabri Kolta, *Leiden des hm.t – Leiden der Frau. Die Kategorie Geschlecht in der Heilkunde Altägyptens*, Würzburger medizinhistorische Mitteilungen 17 (1998) S. 153-161

SETHE: Kurt Sethe, *Ägyptische Lesestücke. Texte des Mittleren Reiches*, Darmstadt 1959

WESTENDORF: Wolfhart Westendorf, *Erwachen der Heilkunst. Die Medizin im Alten Ägypten*, Zürich 1992

WORTH ESTES: J. Worth Estes, *The Medical Skills of Ancient Egypt*, Canton 1989

NATURWISSENSCHAFTLICHE UNTERSUCHUNGEN VON MUMIEN – MÖGLICHKEITEN, GRENZEN UND NEUE WEGE IN DER PALÄOPATHOLOGIE

*A. Nerlich, A. Zink, B. Bachmeier[1],
H. Hagedorn[2], H. Rohrbach,
U. Szeimies[4] und S. Thalhammer[3]*

Sektion Paläopathologie, Institut für Pathologie, Krankenhaus München-Bogenhausen, [1]Abteilung Klinische Chemie und Klinische Biochemie, [2]Klinik für Hals-Nasen-Ohrenkranke und [3]Institut für Kristallographie und Mineralogie, Ludwig-Maximilians-Universität München, [4]Abteilung für Radiologische Diagnostik, Krankenhaus Josephinum, München

GLIEDERUNG

1. Einleitung

Die wissenschaftliche Untersuchung von Mumien und Skeletten vergangener Bevölkerungen stellen eine zunehmend wichtige Informationsquelle für die Rekonstruktion geschichtlicher Zusammenhänge dar. Speziell ergeben sich dadurch neue und bisher nicht zugängliche Einblicke in die Lebensbedingungen von Individuen aus historischen Epochen. Das Fachgebiet »Ägyptologie« stellt sich hierbei als idealer »Forschungspartner« dar, da

■ hier einerseits auf eine außerordentlich große Menge an gut erhaltenem Biomaterial in Form von mumifizierten Körpern als mögliches Untersuchungsmaterial zurückgegriffen werden kann und

■ andererseits sich aus den Ergebnissen der paläopathologischen Analyse neue und bisher nicht zugängliche Einblicke in die Lebensbedingungen von Individuen aus historischen Epochen ergeben (David und Archbold, 2000; Nerlich und Zink, 2001).

Laut Schätzungen wurden während der Gesamtzeit der ägyptischen Kultur zwischen rund 3000 v. Chr. bis zur koptischen Zeit (bis ca. 400 n. Chr.) rund 150 bis 300 Millionen Menschen mumifiziert (Nunn, 1996). Allerdings wurde ein Großteil hiervon nur sehr unzureichend konserviert und ist zwischenzeitlich Umwelteinflüssen zum Opfer gefallen oder von Menschenhand zerstört worden. Dennoch ist es plausibel, dass rund eine Million Mumien/mumifizierte Körper und Skelette des alten Ägyptens noch verfügbar sind (Nunn, 1996).

Auch wenn die Untersuchung altägyptischer Mumien und Skelette mittlerweile auf eine inzwischen mehr als 100-jährige Tradition zurückblicken kann, sind es doch gerade neuere technische Entwicklungen, die einen »Quantensprung« in der Informationsbeschaffung auf diesem Wissensgebiet erwarten lassen. So hat die rapide Fortentwicklung der DNA-Technologie – erstmals von Pääbo 1989 erfolgreich an Mumiengewebe angewandt (Pääbo, 1989) – neue Fenster auch in der Mumienforschung eröffnet. Technische Neuerungen wie neue, bildgebende Verfahren, Gewebemikrodissektion, Untersuchung von weiteren Biomolekülen, Anwendungen aus der Nanotechnologie und Mikroanalytik lassen darüber hinaus erwarten, dass in Zukunft weitere Informationsquellen für die Rekonstruktion individuellen wie kollektiven Lebens im alten Ägypten erschlossen werden.

Im Folgenden wollen wir zunächst die bisherigen Möglichkeiten und Grenzen bei Mumienuntersuchungen darstellen, um dann einige neue und potenziell relevante Untersuchungsfelder beleuchten zu können. Ein besonderer Schwerpunkt soll dabei nicht nur auf die Möglichkeiten, sondern auch auf die Grenzen und potenziellen Probleme der neuen Technologien und ihrer Ergebnisinterpretation gelegt werden.

2. Anfänge der Paläopathologie

Sir Marc Armand Ruffer, Mediziner und Anatom zu Beginn des 20. Jahrhunderts in Kairo, kann als der »Gründer« einer wissenschaftlichen Paläopathologie gerade an altägyptischen Mumien- und Skelettfunden betrachtet werden (Aufderheide und

Rodriguez-Martin, 2000). Auch wenn schon in den Jahren nach der napoleonischen Eroberung Ägyptens (ab 1799) und der damit einhergehenden ersten wissenschaftlichen Auseinandersetzung mit der Historie des alten Ägyptens – also rund 100 Jahre vor Ruffer – erste Untersuchungen an Mumienfunden vorgenommen wurden, blieben diese doch in aller Regel kasuistische Einzelbeobachtungen. Sie wurden überwiegend zur Befriedigung einer rasch wachsenden Sensationsgier durchgeführt, führten jedoch mangels definierter wissenschaftlicher Zielsetzung nur zu oberflächlichen und wenig aussagekräftigen Ergebnissen, besonders auch hinsichtlich einer Rekonstruktion von Lebensbedingungen und Krankheiten altägyptischer Bevölkerungen.

Dies änderte sich zunächst durch die systematischen Untersuchungen von Ruffer, speziell auch durch die Analysen seiner Fachkollegen Elliott Smith und Warren Dawson, die im Rahmen von Untersuchungen an Notgrabungen in der Nähe von Assuan – vor dem Bau des ersten Assuan-Damms 1910 – große Mengen an Mumienresten und Skeletten wissenschaftlich analysiert hatten (Smith und Dawson, 1924). Allerdings waren damals die technischen Untersuchungsmöglichkeiten unter den gegebenen Bedingungen gerade in Ägypten noch sehr eingeschränkt und bestanden lediglich in einer makroskopischen Analyse von mehr oder weniger intakten Fundstücken mit dem unbewaffneten Auge. Zudem gab es auch teilweise noch ungenaue oder gar unzureichende Kenntnisse über Krankheitsentstehung und -ursachen in vielen Feldern der Medizin. Dementsprechend konnten bestimmte krankhafte Veränderungen noch nicht zutreffend gedeutet werden. So wurden damals zwar große Mengen an Mumien und mumifizierten Skeletten analysiert:

Elliott Smith und Warren Dawson untersuchten zwischen 1906 und 1910 rund 6000 Mumien und Skelette bei Assuan (Smith und Dawson, 1924). Der wissenschaftliche Aussagewert blieb jedoch noch sehr begrenzt.

3. Röntgen- und Computer-Tomographie-Untersuchungen

Parallel zu den Untersuchungen von Ruffer, Dawson, Smith und Kollegen stellte sich zu diesem Zeitpunkt als neue Informationsquelle in der Mumienforschung die Anwendung von Röntgenstrahlen dar, eine Technologie, die erstmals zerstörungsfreie Einblicke in das Innere abgeschlossener Räume ermöglichte. So wurde diese 1895 von Wilhelm Conrad Röntgen erstmals beschriebene Untersuchungsmethode bereits 1896 von Wilhelm König an zwei Mumien des Senckenbergischen Naturkunde-Museums erfolgreich angewandt (Petschel et al., 1999). In größerem Stil durchgeführte Röntgenanalysen gab es jedoch erst ab 1960, als Gray und Dawson (1968), Harris und Weeks (1973) sowie andere mehrfach radiologische Serienuntersuchungen an Mumien aus verschiedenen Museen und Instituten in Europa und Nordamerika vornahmen. In diese Zeit fallen auch die ersten Untersuchungen von Matouschek und Mitarbeitern an den Mumien der Münchner Ägyptologischen Staatssammlung. Dabei wurden rasch die enormen Vorteile dieser zerstörungsfreien Technik klar. Dennoch stellte der erhebliche technische und finanzielle Aufwand eine Einschränkung dar, zumal Röntgenuntersuchungen »vor Ort« mit zusätzlichen logistischen Problemen behaftet waren.

Weitere technische Fortschritte führten in den 1970er Jahren zur Entwicklung der Computer-Tomographie (Hounsfield, 1972), deren Schnittbild-Technologie und die Möglichkeiten zur dreidimensionalen Rekonstruktion weitere faszinierende Einblicke in das »Innere« von Körpern erlaubt. Schon 1976 wurde diese neue Technologie für Mumienuntersuchungen – zunächst des Schädels, in rascher Folge auch für gesamte Körper – angewandt (Lewin et al., 1974, Pahl 1993). Diese zerstörungsfreie Analytik erlaubte damit noch wesentlich detailliertere Untersuchungen an mumifizierten Körpern, auch wenn gerade in der Anfangszeit durch die Trocknung des Gewebes und beigegebene Gegenstände oft schwer zu interpretierende Befunde auftraten. Die systematische Anwendung von CT-Analysen in den folgenden Jahrzehnten konnte diese anfänglichen Schwierigkeiten weitgehend lösen. Hier waren es insbesondere spezielle »Mumienprojekte«, die in Philadelphia, Toronto und Manchester (Cockburn et al., 1975, Lewin et al., 1974, David 1979) initiiert, erstmals systematische wissenschaftliche Mumienanalysen unter Anwendung der modernsten, verfügbaren Technologien vornahmen.

Dennoch ist das diagnostische »Potential« der radiologischen bildgebenden Verfahren auch heute noch nicht voll ausgeschöpft. Insbesondere die rasche Entwicklung und Verbesserung der Bildnachbearbeitung hat, zusammen mit technischen Fortschritten in der primären Aufnahmetechnik zu einer drastischen Verbesserung der Bildauflösung geführt. Darüber hinaus sind weitere Möglichkeiten wie die der dreidimensionalen Rekonstruktion und des Volumen-Renderings durch Spiral-CTs etc. zu nennen. Diese Fortentwicklung radiologischer Technologien konnte bereits mehrfach an Museumsmumien angewendet werden (z.B. Rühli and Boeni, 2000), ist aber nach den neuesten Erfahrungen nicht nur auf Museumsmumien in westlichen Ländern beschränkt. Kürzlich konnten wir zeigen, dass eine interdisziplinäre Analyse zwischen ägyptischen und deutschen Institutionen eine moderne Analyse auch »im Feld« möglich macht. So konnten wir im Jahre 2000 eine komplett eingewikkelte Frauenmumie in einem modern eingerichteten Hospital in Luxor durch CT-Analyse untersuchen und die Bildbearbeitung an den transferierten Daten in Deutschland vornehmen (Nerlich et al., 2002, Szeimies et al., 2002). Weitere Anwendungen vor Ort sind somit prinzipiell möglich; allerdings sind hier der finanzielle und organisatorische Aufwand vor Ort enorm und aktuell nur auf Einzelfälle beschränkt möglich.

4. Endoskopische Untersuchungen

Die Anwendung von Endoskopen hat auch in der Mumienforschung die Möglichkeit geboten, faszinierende Einblicke in nahezu geschlossene Hohlräume von Körpern zu erhalten. Damit ist neben der Röntgen/CT-Analyse ein zweites Verfahren zur zerstörungsfreien bis zerstörungsarmen Analyse verfügbar, das zudem die unschätzbare Möglichkeit bietet, über zumeist wenige Millimeter dünne Arbeitskanäle kleine Proben von unberührtem Biomaterial zugänglich zu machen.

Endoskopische Analysen wurden erstmals systematisch im Rahmen der Mumienprojekte, so des Manchester Mumienprojektes (David und Tapp, 1984) eingesetzt. Dabei konnte ihr Wert eindrucksvoll bestätigt werden. In der Zwischenzeit ist die Endoskopie technisch erheblich erweitert worden, nachdem neben den starren Endoskopen auch flexible Geräte zur Verfügung standen und sich der Durchmesser der Optiken erheblich verkleinerte. So ist es heute ohne größere technische Schwierigkeiten möglich, durch einen kleinen Defekt in einer Mumie von rund 0,5 cm Durchmesser ein Endoskop einzuführen. Ein ganz wesentlicher Vorteil endoskopischer Untersuchungen liegt in ihrer mittlerweile fast unbegrenzten Durchführbarkeit auch unter primitiven Bedingungen, so z.B. »vor Ort in der Wüste«. Heutzutage ist elektrischer Strom (z.B. für Beleuchtungszwecke) fast überall durch Leitungen oder aus Generatoren verfügbar, so dass die Lichtquelle eines Endoskops fast unbeschränkt betrieben werden kann. Flexible Endoskope haben die zunächst starren Optiken ersetzt, wobei auch hier die Fortentwicklung der technischen Voraussetzungen zu einer immer besseren Bilddarstellung führt und moderne Video-Aufzeichnungsverfahren eine ausführliche Auswertung von Befunden auch nachträglich ermöglicht.

Eine besondere Anwendung von endoskopischen Untersuchungen liegt im Bereich der Hals-Nasen-Ohrenheilkunde, da mit Hilfe endoskopischer Verfahren hier Einblicke in Höhlenregionen des Schädels in jedem Falle der makroskopischen äußeren Begutachtung überlegen sind. Dennoch existieren bislang hierzu erst wenige Studien, die jedoch gerade im otologischen Fachbereich häufige postentzündliche Veränderungen belegen konnten (Hagedorn et al., 2001). Noch kleinere und optisch leistungsfähigere Endoskope werden in der Zukunft die Anwendungsmöglichkeiten vermutlich deutlich verbessern.

5. Histomorphologische Untersuchungen an Mumiengewebe

Neben makroskopisch und endoskopisch fassbaren Befunden kann man mit Hilfe histologischer Techniken spezifische Gewebestrukturen erfassen und deren Veränderungen im pathologischen Fall für eine Diagnosebestimmung verwenden. Diese heute im klinischen Alltag weit verbreitete diagnostische Methode hat auch für die Mumienforschung erhebliche Bedeutung. Allerdings sind für diese Anwendungen Materialproben notwendig, es müssen also zumindest kleine Gewebestücke verfügbar sein.

Histologische Analysen sind bereits seit den Anfängen der Paläopathologie durch Ruffer, Smith und andere in der Untersuchung von Mumien eingesetzt worden (s. z.B. Ruffer, 1910). Als eine wesentliche technische Schwierigkeit erweist sich dabei das Problem, dass das getrocknete und oft chemisch (im Rahmen der Balsamierung) vorbehandelte Material wieder in einen rehydrierten Zustand zu bringen ist (Ruffer, 1921). Hierzu wurden eine ganze Reihe von Methoden entwickelt, die mit verschiedenen Lösungen eine möglichst schonende, jedoch effektive Rehydrierung ermöglichen sollen. Vergleichende Untersuchungen an verschiedenen Mumienproben ergaben dabei, dass von Probe zu Probe durchaus unterschiedliche Anforderungen auftreten und damit verschiedene Rehydrierungslösungen die jeweils besten Resultate zeigen (Mekota et al., 2001). Generell lässt sich jedoch festhalten, dass die Anwendung einer Mischung aus Formalin mit Detergentien, eventuell mit Beimengung von alkoholischen Lösungen, durchaus gute Ergebnisse zeigen kann (Ruffer 1921, Sandison 1955). Optimal rehydriertes Gewebe kann eine Vielzahl von Gewebestrukturen erkennen lassen. Die Einbettung in Paraffinwachs erfolgt in aller Regel entsprechend den etablierten Routineprotokollen, wie sie aus der Histologie gut bekannt sind. Bislang gibt es keine Berichte, die eine merkbare Interferenz der Einbettungstechnik mit dem Färberesultat erkennen lassen.

Neben Übersichtsfärbungen – hier ist in allererster Linie die Hämatoxylin-Eosin-Färbung zu nennen, die vielfach bereits eine gute Strukturerkennung erlaubt – sind spezifische Bindegewebsfärbungen (z.B. van Gieson-Färbung, Mallory-Färbung und andere) hilfreich, da kollagenes Bindegewebe eine hohe Autolyse-Resistenz zeigt und somit Bindegewebsstrukturen schon zur Orientierung im Gewebeverbund wichtige Hilfen bietet. Die routinehistologische Untersuchung kann schließlich durch die Anwendung von Spezialfärbungen ergänzt werden. Dabei sind z.B. der Nachweis von Blutabbau-Pigment (Hämosiderin in der Eisenfärbung) oder die Lokalisation und Identifikation von Pilz- oder Parasitenbefall (z.B. PAS-Färbung oder Versilberung nach Grockott) erwähnenswert. Prinzipiell sind bei optimaler Rehydrierung und Einbettung alle weiteren bekannten histochemischen Färbungen anwendbar. Allerdings ist zu berücksichtigen, dass durch Autolyse und Trocknung sowie eventuell chemische Behandlung im Rahmen der Mumifikation artefizielle Färbemuster entstehen können, bestimmte Stoffklassen auch »verloren« gehen können.

Zusätzlich zu Rehydrierung und Einbettung in Paraffin ist bei Knochengewebe normalerweise ein Entkalkungsschritt notwendig, wenn die normalen Routinefärbungen hier angewandt werden sollen (z.B. Parsche und Nerlich, 1997). Dies gilt nicht für Untersuchungen an Kunststoff-eingebettetem Gewebe, wie dies für Schliff- und Hartschnittpräparate üblich ist (Schultz 2001). In diesem letzteren Fall wird das Gewebe direkt in entsprechende Harzpräparationen eingeschlossen und die Schnitt-/ Schliffpräparate dann hieraus hergestellt. Der Erhaltungszustand des Gewebes ist in den Hartschnittpräparaten zum Teil sogar erheblich besser, als in entkalktem Gewebe, da weniger Zwischenschritte notwendig sind, die zu einer Gewebealteration führen können. Allerdings sind im Kunststoff-eingebetteten Material nur wenige bestimmte Färbungen möglich, wobei histochemische Techniken in aller Regel nicht angewandt werden können. Die Entkalkung von Knochengewebe wird normalerweise durch »milde« Chelatbildner, insbesondere durch ED-TA, im neutralen Milieu vorgenommen, da säurehaltige oder aggressivere Entkalkungsverfahren zumeist das fragile Gewebe zusätzlich – und unnötigerweise – schädigen. Am entkalkten und in Paraffin eingebetteten Knochengewebe können sodann alle genannten zusätzlichen Spezialfärbungen angewandt werden (Nerlich et al., 1993; Parsche und Nerlich, 1997).

Die Interpretation der histologischen Befunde stellt gegenüber den technischen Problempunkten die sogar größere Hürde in der Bestimmung histologischer Befunde dar. Gerade die erheblichen Artefakte durch Autolyse, Trocknung, Rehydrierung sowie der eventuell stattgefundenen chemischen Behandlungen im Rahmen der Mumifikation können ausgeprägte Gewebsveränderungen hervorrufen, und die Unkenntnis solcher Artefaktbildungen kann zu Fehldeutungen führen. Dies gilt leider gerade auch für Mumienuntersuchungen. Dennoch konnte mit Hilfe der Histologie eine ganze Vielzahl von interessanten Befunden erhoben werden, deren Vielfalt hier nicht aufgezählt werden kann. Es sei an dieser Stelle nur darauf verwiesen, dass die histologische Analyse zur Identifikation und Zuordnung von Organproben dienen kann (Nerlich et al., 1995), ebenso wie spezifische Krankheitsbefunde erfasst werden können (Nerlich et al., 1995). Sogar Hinweise auf Stoffwechselveränderungen können an makroskopisch unauffälligem Knochenmaterial abgeleitet werden (Parsche und Nerlich, 1997).

Als Weiterentwicklung der routinehistologischen Untersuchungstechniken leiten sich spezifische immunhistochemische Verfahren ab, die in den letzten Jahren gelegentlich an Mumiengewebe mit Erfolg angewendet werden konnten (Wick et al., 1980, Nerlich et al., 1993; Parsche und Nerlich, 1997). Dieser Aspekt der Zukunftsentwicklung wird in einem folgenden Kapitel noch näher beleuchtet.

Zusätzlich zu histologischen Untersuchungen sind feingewebliche Analysen auch auf elektronenmikroskopischer Ebene möglich und bereits durchgeführt worden. Transmissions-Elektronenmikroskopie wurde in einzelnen Fällen zur Identifikation subzellulärer Strukturen, so z.B. zum Nachweis intakter Erythrozyten (Zimmerman, 1973, Horne and Lewin, 1977) durchgeführt. Oberflächenuntersuchungen durch Rasterelektronenmikroskopie wurden demgegenüber deutlich öfter auch an Mumien- und Skelettmaterial angewandt. Eine breite Anwendung hat beispielsweise die Bestimmung von Oberflächenstrukturen von Knochenprozessen wie z.B. Knochentumoren (Strouhal, 1993). Nichtsdestotrotz dürfte die konventionelle elektronenmikroskopische Untersuchung auf spezielle Fragestellungen beschränkt bleiben.

Verknüpfungen zu molekularen Analysen sind durch neue Technologie möglich, die im Zuge der Nanotechnologie entwickelt wurden. Hierauf – speziell auf die Möglichkeiten der Kraftfeld-Elektronenmikroskopie – wird in einem späteren Kapitel noch gesondert eingegangen werden.

6. Grenzen und Gefahren der bisherigen Untersuchungsverfahren

Die zuvor aufgeführten, zur Verfügung stehenden und heutzutage vielfach bereits angewandten Untersuchungsverfahren bieten zweifellos wichtige Einblicke in bestimmte Situationen von Leben und Leiden an Skeletten und Mumien. Dennoch sind einige Nachteile und Gefahren im Umgang und der Anwendung aufzuführen, die nach Möglichkeit zu vermeiden sind bzw. über deren potentielle Gefahren man sich im Vorfeld der Untersuchungen klar werden sollte. Dementsprechend ist dann die genaue Abwägung von Vor- und Nachteilen gegenüber eines Informationsgewinns angezeigt.

Ganz ohne Zweifel ist die makroskopische Untersuchung von Mumien und Skeletten die technisch am »einfachsten«, schnellsten und kostengünstigsten durchführbare Untersuchung. Allerdings ist sie weitgehend beschränkt auf Oberflächenstrukturen und erlaubt Einblicke in Hohlräume erst nach Eröffnung, d.h. Zerstörung der Oberfläche. Eine solche Vorgehensweise ist dementsprechend heute nur noch in Fällen von bereits zerstörten oder skelettierten Mumien (z.B. durch vorangegangene antike oder rezente Beraubungen etc.) durchführbar, kann dann aber wegweisend sein für die korrekte Diagnosestellung. Ebenso ist die makroskopische Untersuchung entscheidend für die Selektion von Material für eventuell notwendige weitere Untersuchungen. Weitere zerstörungsfreie (oder minimal »invasive«) Untersuchungen wie Röntgen und Endoskopie lassen das Objekt intakt. Allerdings lässt sich aus dem Röntgen- und CT-Bild oft keine ganz eindeutige Aussage zu pathologischen Befunden ableiten, da hier feine, dem direkten Blick durch das Auge zugängliche Aspekte oft nicht in ausreichendem Masse bestimmt werden können. Noch gänzlich unklar ist, ob Röntgenstrahlen einen (späteren) negativen Einfluss auf die Struktur und Stabilität von Biomolekülen – so z.B. der DNA von entsprechenden Proben – haben. Dies würde insbesondere bei Mehrfach-Untersuchungen durch Dosismultiplikation rasch zu hohen Doswerten und damit einer potenziellen Beeinträchtigung biomolekularer Untersuchungen führen. Zumindest sollte dieser Aspekt für die Planung nachfolgender molekularer Untersuchungen (s. im Folgenden) bedacht werden.

Endoskopische Analysen führen zwar nicht zur Strahlenbelastung des Mumiengewebes, können jedoch zu einer ungewollten Verschleppung von Mikroben in das zuvor »sterile« Innere von Körpern führen. Dies kann sich für den Erhaltungszustand einer Mumie als fatal herausstellen. Dementsprechend sollten endoskopische Untersuchungen unter Berücksichtigung von verschleppungsfreien Bedingungen konzipiert werden, was zugegebenermaßen unter Wüstenbedingungen nicht immer sicher gewährleistet werden kann.

Histologische Untersuchungen sind nur an Gewebeproben durchführbar, stellen also die Anforderung einer zumindest gering invasiven Gewebegewinnung. Diese kann gegebenenfalls mit einer endoskopischen Untersuchung verknüpft werden, die einen mumifizierten Körper weitestgehend intakt lässt. Entscheidende Grenzen einer histologischen Untersuchung sind jedoch der Gewebeerhalt, der seinerseits abhängig ist von Autolyse, Rehydrierung und eventuell chemischer Behandlung durch die Mumifikation, und die Verfügbarkeit des »richtigen« Gewebes. Naturgemäß können Aussagen nur zu dem vorhandenen Gewebe getroffen werden, so dass mit der Auswahl des zutreffenden Gewebes der entsprechende Aussagewert bereits festgelegt wird.

7. Entwicklung und Bedeutung von molekularen Untersuchungen für die Mumienanalyse

Neben den Informationen, die eine Mumie/ein Skelett für das Auge – auch in Form eines Röntgen-/CT- oder endoskopischen Bildes – bietet, sind im Gewebe weitere wichtige Daten und Angaben zu einem Individuum, seinem Leben, Krankheit und gegebenenfalls seinem Sterben »gespeichert«. Die Analyse von Biomolekülen hat es sich zur Aufgabe gemacht, diese Informationen zu entschlüsseln und lesbar zu machen. Dazu können mittlerweile verschiedene Biomoleküle – so DNA und Proteine – mit unterschiedlichen Technologien analysiert werden. Von ganz entscheidender Bedeutung war hierfür die Entwicklung und Adaptierung von Methoden, die auch aus kleinsten Mengen eines oft schlecht erhaltenen oder aber durch die lange Liegezeit modifizierten Gewebes genügend zuverlässige Information herausholen. Heute werden für die Untersuchung dieser Fragen die DNA als Erbsubstanz und Proteine analysiert.

8. Bedeutung der DNA-Analytik für die Mumienforschung

Ein enormer Zuwachs an Information hat sich durch die Möglichkeit ergeben, DNA-Moleküle aus historischem Gewebe (ancient DNA/aDNA) durch spezielle Enzyme zu vervielfältigen. Diese PCR-Technik, zunächst für die molekulare Tumorforschung und Entwicklungsbiologie entwickelt, konnte erstmals 1989 von Pääbo erfolgreich an DNA angewandt werden, die aus Mumiengewebe gewonnen worden war. Er konnte aus Gewebe einer ptolemäischen Kindermumie Erbmaterial isolieren und amplifizieren. In der Folgezeit wurden zahlreiche weitere Untersuchungen an historischem Knochen- und Mumiengewebe mit zum Teil recht unterschiedlichem Erfolg durchgeführt. Dabei stellte es sich rasch heraus, dass technische Probleme und Gefahren, so insbesondere die Verschleppung von rezenter DNA als Kontamination relativ leicht und schnell zu falsch positiven Ergebnissen führen können. Technisch und organisatorisch aufwendige Schutzmaßnahmen wie steriles Arbeiten und räumlich getrennte Labors zur Trennung von Amplifikaten und frisch angesetzten PCR-Proben und vieles anderes mehr können allerdings diese Hauptgefahren reduzieren. Als weitere Probleme treten gerade an Mumiengewebe Hemmstoffe der enzymatischen Amplifikationstechnik – insbesondere durch Mumifikationssubstanzen hervorgerufen – auf, die lange Zeit die reproduzierbare und verlässliche DNA-Analytik an Mumiengewebe behindert haben. Reinigungsschritte und besondere Aufarbeitungsprozeduren können dieses Problem minimieren, machen allerdings die Analyse weiter aufwendig.

Dabei kann die DNA-Untersuchung von Mumien und Skeletten für folgende zwei relevante Themenkomplexe angewandt werden (Nerlich, 2000): Zum einen lässt sich humane DNA extrahieren und dadurch eine Bestimmung von Individualgeschlecht, möglichen Verwandtschaftsverhältnissen und in Einzelfällen sogar die Identifikation von angeborenen Krankheiten durch Mutationsanalyse durchführen. Zum anderen kann nicht nur humane DNA analysiert werden, es ist ebenso eine Untersuchung von Erreger-bedingter DNA möglich, deren Nachweis Aussagen über das Vorliegen spezifischer Infektionskrankheiten erlaubt. Hierzu zählen insbesondere verschiedene Bakterien wie die Erreger von Tuberkulose, Lepra, Malaria, Diphtherie und vieles mehr, jedoch ebenso Parasiten, wie Schistosomiasis, oder andere Erreger wie Viren (z.B. die verschiedenen Hepatitis-Viren). Für beide Ansätze sind jeweils die bereits erwähnten spezifischen Möglichkeiten, Probleme in der Analytik und Grenzen in den Aussagen zu betrachten.

9. Untersuchungen von Erreger-DNA

Die Analyse von mikrobieller DNA aus altem Mumien- und Skelettgewebe hat in den letzten Jahren erhebliche Fortschritte gemacht und zum Teil zu erstaunlichen Resultaten geführt. Dies trifft zum einen für das Spektrum an Erregern zu, die spezifisch und reproduzierbar erfasst werden konnten, und zum anderen für das Fundmaterial, in dem ein solcher Nachweis gelang. Herausragend sind die Befunde zum Nachweis von Tuberkulose-Erregern, die an Mumien- und Skelettfunden aus Ägypten (Nerlich et al., 1997; Zink et al., 2001a) und Südamerika (Salo et al., 1984) und an vielfältigen Knochenfunden aus dem mittelalterlichen und neuzeitlichen Mittel- und Süd/Nordosteuropa (Haas et al., 2000a; Faerman et al., 1997, Donoghue et al., 1998), von den Britischen Inseln (Taylor et al., 1996), dem Nahen Osten (Spigelmann and Lemma, 1993) und Nordamerika (Arriaza et al., 1995) nachgewiesen werden konnten. Es wurde dabei belegt, dass die Tuberkulose in allen bisher untersuchten historischen Zeiträumen vorhanden war, zum Teil mit erstaunlich hoher Durchseuchungsrate. Neben der Aufdeckung von Infektionsfällen durch Tuberkulose und einer ersten naturwissenschaftlich abgesicherten Abschätzung von Durchseuchungsraten und damit deren Relevanz für die Bevölkerungszusammensetzung bietet die molekulare Analyse weitergehende Informationen zur möglichen Herkunft und zum Übertragungsweg dieser Infektionskrankheit. So lässt sich molekular ein boviner Stamm von humanen Stämmen abgrenzen (alle diese Stämme rufen das gleiche Krankheitsbild »Tuberkulose« (TB) hervor). Die neuesten Ergebnisse hierzu weisen darauf hin, dass der bovine Stamm in der Antike offenbar keine Rolle gespielt hat, eventuell noch gar nicht vorhanden war, während andere Substämme als Frühformen auf dem Weg zur Entwicklung zu humanen TB-Stämmen vermutet werden können (Taylor et al. 1999, Rothschild et al., 2001; Zink et al., eingereicht). Insgesamt zeigen die bisherigen Analysen jedoch, dass die molekulare Analyse tatsächlich Einblicke in die molekulare Evolution der TB-Erreger bieten kann und dass die entsprechenden Analysen durchaus vielversprechende Daten liefern können.

Neben der Tuberkulose wurden bislang einige weitere Erreger molekular in altem Biomaterial identifiziert; allerdings konnte nur bei einem kleinen Teil der nachfolgend angegebenen Infektionskrankheiten auch ein positiver Erregernachweis in Material aus dem alten Ägypten getroffen werden. Dies gilt für die Erreger von Lepra (Rafi et al., 1994, Haas et al., 2000b), Malaria (Taylor et al., 1997; Salares and Gomzi, 2001), Trypanosomum cruzei (Guhl et al., 1999) und Pestbakterien (Yersinia Pestis; Drancourt et al., 1998). Darüber hinaus konnte unsere eigene Arbeitsgruppe in früheren Untersuchungen an ägyptischem Mumienmaterial E. coli (Zink et al., 2000) und Corynebakterien (Zink et al., 2001b) identifizieren. Der Nachweis dieser Bakterienarten gestaltete sich gegenüber dem von Mykobakterien als deutlich schwieriger, da sie nicht von einer stabilen säurefesten Zellmembran geschützt werden, so dass die Aussichten auf intakte Moleküle deutlich geringer sind. Andererseits ist die Untersuchung von bakterieller DNA weniger anfällig für Kontaminationen durch rezente DNA, als humane DNA, vorausgesetzt, dass das Personal und die Laborräume nicht mit dem entsprechenden Erreger belastet sind. Zudem sind in aller Regel die Mengen an Bakterien im Infektionsfall sehr hoch, so dass die Chancen groß sind, einen spezifischen vorhandenen Erreger auch wirklich zu erfassen. Diese beiden Punkte, nämlich Kontaminationsgefahr durch rezente DNA und Mangel an intakten Molekülen aus dem alten Material, sind die beiden größten Probleme bei der Untersuchung von humaner DNA.

10. Untersuchungen an humaner ancient DNA

Die Analyse von humaner DNA aus Mumien- und Skelettgewebe ist demzufolge technisch problematischer und muss mit noch größerem Aufwand an Sicherheitsmaßnahmen vorgenommen werden als die Analyse von Erreger-DNA. Gleichwohl bietet eine Human-DNA-Analyse äußerst attraktive Informationen, insbesondere für eine mögliche Bestimmung von Verwandtschaftsverhältnissen im historischen Zusammenhang. Hierzu liegen allerdings an altägyptischen Mumienfunden noch keine Untersuchungen bzw. Daten vor, was die Schwierigkeiten des Materialzugangs und der Technik unterstreicht.

Generell können wir davon ausgehen, dass die humane DNA nach dem Tod des Individuums in relativ kurzer Zeit zerfällt. Eigene Untersuchungen an rezenten Bestattungen und Exhumierungen konnten zeigen, dass hochmolekulare DNA bereits innerhalb von wenigen Jahren (ca. 30 Jahren) zerfällt, allerdings kleinere DNA-Fragmente von einer Größe bis zu maximal 500 Basenpaare dann auch über lange Zeiträume relativ stabil bestehen bleiben (Bachmeier et al., 2001). Amplifikate dieser Größe sind sowohl in mittelalterlichem Skelettmaterial aus Mitteleuropa als auch in ägyptischem Material durchaus nachweisbar. Diese dürften ausreichen, um bei entsprechender Fragestellung nahe Verwandtschaftsverhältnisse (Eltern, Kinder, Geschwister u.ä.) klären zu können. Zumindest belegen dies kürzliche eigene Untersuchungen an mittelalterlichem Skelettmaterial aus Süddeutschland. Es ist also durchaus technisch möglich und gut vorstellbar, dass Verwandtschaftsanalysen auch an altägyptischen Gewebeproben Aufschluss über familiäre Zusammenhänge bieten können. Allerdings ist der Aufwand zur Vermeidung von Kontaminationen durch rezente DNA – die verständlicherweise sehr weit verbreitet ist und zudem durch ihren besseren Erhaltungszustand die ancient DNA »überwuchern« kann – außerordentlich groß.

Neben der Untersuchung von Verwandtschaftsverhältnissen ist die individuelle Geschlechtsbestimmung durch DNA-Analyse möglich. Die Amplifikation des Amelogenin-Gens, das in zwei unterschiedlich großen Genen auf dem X- und Y-Chromosom vorhanden ist, erlaubt die definitive Zuordnung zu einem männlichen oder weiblichen Individuum, auch wenn nur Fragmente (z.B. einzelne Knochen oder Knochenteile) eines Körpers vorhanden sind. Auch immature Individuen, bei denen eine anthropologische Geschlechtsbestimmung unsichere oder gar falsche Daten liefert, können somit zugeordnet werden. Die Rate an erfolgreich durchgeführten molekularen Geschlechtsbestimmungen liegt in einer größeren eigenen Untersuchung bei rund 50 bis 70% (Zink et al., 2001a), lässt sich also nur in rund der Hälfte bis zwei Dritteln der Fälle aus Gründen des Erhaltungszustands der DNA anwenden.

Neben der Analyse von genomischer DNA, die in jeder Zelle in nur zweifacher Ausfertigung und damit in relativ geringer Menge vorliegt, kann auch die Analyse von mitochondrialer DNA (mtDNA) von großem Wert sein – gerade auch für die Analyse von Verwandtschaftsverhältnissen. Mitochondrien enthalten eine ringförmige DNA, die ausschließlich auf mütterlichem Wege vererbt wird. Dementsprechend kann somit eine maternale Abstammung von Individuen überprüft werden, wie dies in neuzeitlichen Fällen (z.B. der Fall »Kaspar Hauser«; Weichhold et al. 1998) und mehreren spektakulären Kriminalfällen (z.B. Identifikation der russischen Zarenfamilie, Gill et al. 1994, Identifikation von Martin Borman; Ansslinger et al., 2001) gezeigt wurde. Erste Studien an altägyptischem Material aus der Oase Dakhla (Graver et al., 2001) zeigen die prinzipiellen Anwendungsmöglichkeiten. Die Aussichten einer erfolgreichen Analyse sind für mtDNA zudem höher als für genomische DNA, da pro Zelle jeweils mehrere tausend Mitochondrien vorhanden sind und somit erheblich mehr mtDNA für eine Analyse verfügbar ist.

11. Untersuchungen von Proteinen in Mumiengeweben

Neben der Analyse der Erbsubstanz in Form von humaner und mikrobieller DNA verspricht die Analyse von Proteinen Aufschluss über Stoffwechselbedingungen und bestimmte Krankheiten auch in Mumiengewebe. Untersuchungen mit biochemischen Techniken sind bereits vor längerer Zeit immer wieder an Mumien- und Skelettgewebe vorgenommen worden (z.B. Gürtler et al., 1981, Tuross 1994), allerdings blieb der Aussagewert – teilweise auch wegen zu unkritischer Methodenanwendung (Grupe, 1995) – gering.

Hauptziel der biochemischen Analysen waren bislang Bindegewebsproteine, hier insbesondere die verschiedenen Vertreter des Kollagens, die sich durch eine erhebliche Autolyseresistenz auszeichnen und in vielen Organen/-strukturen in erheblicher Menge vorkommen. Hierzu gibt es mehrfach Analysen mit Anwendung typischer biochemischer Verfahren (Gürtler et al., 1981; Tuross 1994). Als Hauptproblem bei dieser Anwendung erwies sich, dass die biochemische Analyse aus technischen Gründen in aller Regel nur an großen Gewebemengen durchgeführt werden kann, dabei jedoch die Gewebeheterogenität und Unterschiede innerhalb verschiedener Gewebestrukturen außer acht bleiben müssen. Zudem »verliert« man im Laufe der Proteinanalyse erhebliche Mengen an Material durch notwendige Reinigungsschritte und oft sind gerade degradierte Protein-Moleküle dann nicht mehr nachweisbar. Unter diesen Aspekten sind derzeit keine wesentlichen »neuen« Erkenntnisse durch die aktuell verfügbare Technik zu erwarten. Dies kann sich jedoch durch technische Verbesserungen wie die Anwendung von biochemischer Mikrotechnologie, Proteinsequenzierungstechniken und anderes ändern. Eine Zukunftsentwicklung lässt somit durchaus neue Erkenntnisse mit diesen biochemischen Verfahren erwarten.

Neben der Analyse von Kollagen-Molekülen hat die biochemische Analyse zahlreiche weitere Anwendungsmöglichkeiten, so den Nachweis spezifischer Zellproteine, Enzyme, Botenstoffe und vieles anderes. In diesem Zusammenhang von besonderem Interesse sind die langjährigen Arbeiten einer Tübinger Arbeitsgruppe um Prof. Weser, denen es gelungen ist, ein funktionell intaktes und aktives Enzymprotein aus Mumiengewebe zu isolieren und charakterisieren (Weser und Kaup, 1994). Die Beobachtung eines aktiven Enzyme-Protein ist dabei von großer Bedeutung, da dies bedeutet, dass in Mumiengewebe zumindest potenziell intaktes, nicht degradiertes und nicht – denaturiertes Protein »überleben« kann. Dies eröffnet große Möglichkeiten, die als »Proteomics« bezeichnete Proteinanalyse auch an Mumiengewebe zumindest in einzelnen Bereichen vorzunehmen. Allerdings sind solche Untersuchungen äußerst aufwendig und ihre Bedeutung lässt sich erst dann ableiten, wenn der Nachweis von bestimmten Proteinen mit spezifischen Stoffwechselsituationen verknüpft werden kann. Hiervon sind wir derzeit noch zu weit entfernt, als dass besondere Anwendungen abgeleitet werden können. Nichtsdestotrotz belegen die Untersuchungen von Weser und Kaup, dass die spezifische biochemische Proteinanalyse als neue aussichtsreiche Technologie in der Mumienforschung zur Anwendung kommen kann.

12. Immunhistochemische Untersuchungen an Mumiengewebe

Eine Möglichkeit, bestimmte biochemische Informationen mit der Lokalisation in spezifischen Gewebestrukturen zu verknüpfen, besteht in der Technik der Immunhistochemie. Hierbei werden monospezifische Antikörper verwendet, um bestimmte Proteine in histologischen Schnitten zu lokalisieren. Dies lässt zwar keine Aussage über die quantitativ erfasste Menge von Proteinen und deren mögliche molekulare Veränderungen zu, ermöglicht jedoch deren Lokalisation im Gewebe und damit eine Aussage bezüglich pathologischer Verteilungsformen. Zusätzlich ist die Information über das prinzipielle Auftreten der entsprechenden Proteine gegeben. Die Verknüpfung von biochemischem und morphologischem Verfahren erhöht zudem die Kontrollmöglichkeiten hinsichtlich der Spezifität von Reaktionen. Immunhistochemische Untersuchungen wurden bislang bereits in mehreren Untersuchungen an Mumiengewebe und Skelettmaterial durchgeführt (Übersicht s. Nerlich et al., 1993 und Parsche und Nerlich, 1997, s.a. Nerlich et al., 1995). Dabei konnte gezeigt werden, dass prinzipiell sorgfältig rehydriertes und entkalktes Knochengewebe eine spezifische Immunlokalisation verschiedener Kollagenproteine erlaubt (Parsche und Nerlich, 1997; Nerlich et al., 1993, Parsche et al., 1994). Zudem kann mit dieser Technologie der Knochenumbau erfasst werden, was Rückschlüsse auf die Zeitentwicklung von Veränderungen ermöglicht und bei pathologischen Veränderungen Hinweise auf die zu Grunde liegende Pathogenese erlaubt (Zink et al., 1997, Parsche et al, 1994). Aktuelle Studien zur weiteren Evaluation dieser Technologie sind in Arbeit.

Entgegen den Befunden an Knochengewebe sind immunhisto-chemische Analysen an Weichgeweben von Mumien vergleichs-weise selten. Wick et al. (1980) konnten im Gewebe peruani-scher Mumien verschiedene Kollagentypen lokalisieren. Eine ähnlich erfolgreiche Anwendung immunhistochemischer Ver-fahren konnte von Tapp (1986) im Rahmen des Manchester Mummy Projects durchgeführt werden, wobei hier nicht das Bindegewebe, sondern spezifische zelluläre Reststrukturen ana-lysiert wurden. Neuere eigene Untersuchungen belegen, dass prinzipiell immunhistochemische Verfahren angewandt werden können, diese jedoch abhängig sind von der Art der Rehydrie-rung und Gewebevorbereitung (Mekota et al., 2001). So lassen sich unter günstigen Bedingungen spezifische Gewebestruktu-ren wie Hautepithelien, Gefäße und Nerven beispielsweise in Hautbindegewebe lokalisieren. Ein generelles Anwendungs-schema ist demzufolge zwar nicht möglich, jedoch erweisen sich einzelne Verfahren als aussichtsreich. Weitere Studien zu diesem Themenkomplex werden die Anwendungsbedingungen für im-munhistochemische Techniken sicherlich deutlich verbessern und erweitern, so dass mit dieser Technologie wichtige Infor-mationen über bestimmte Stoffwechselbedingungen und krank-hafte Prozesse bestimmt werden können, wie sich dies aus Un-tersuchungen an Knochengewebe (z.B. osteomalazischer Kno-chenumbau, Ausmaß eines floriden Knochenumbaus etc.) be-reits ergeben hat (Parsche et al., 1994).

13. Kraftfeld-Mikroskopie und Nanotechnologien

Schließlich können histologische Techniken durch Anwendung neuester Verfahren auch in der Mumienforschung weitere Informationen erwarten lassen. Eine sehr aussichtsreiche Technik ist hierbei die Kraftfeld-Mikroskopie, bei der ein (histologisches) Gewebepräparat durch »Abtasten« der Oberfläche auf seinen molekularen Aufbau hin untersucht werden kann. Dabei kommt es zu einer Verknüpfung von strukturellen elektronenmikroskopischen Daten mit Informationen über den Aufbau und die Biophysik von Molekülen im Gewebeverbund. Hierzu ist die Herstellung von histologischen Präparaten nötig (wie erwähnt); dementsprechend ist diese Technik vom Erhaltungszustand des Gewebes abhängig. Auf die entsprechenden Grenzen sei im Kapitel »Histologische Untersuchungen« verwiesen. Die prinzipielle Anwendbarkeit des Verfahrens auch für paläopathologische Fragestellungen konnte von uns an mittelalterlichem Knochengewebe belegt werden (Thalhammer et al., 2001), so dass ein Einsatz in der Mumienforschung aussichtsreich erscheint.

Welche Informationen lassen sich mit der Kraftfeld-Mikroskopie erheben? Prinzipiell lässt diese Untersuchung feingewebliche Strukturerkennung zu, d.h. es können beispielsweise Bindegewebsfibrillen dargestellt werden. Durch die Bestimmung von Fibrillendurchmesser und Fibrillenquerstreifungsmuster können Aussagen über die molekulare Organisation des Kollagens und gegebenenfalls seiner molekularen Zusammensetzung getroffen werden. Die Bestimmung des gleichzeitig erfassten Elastizitätsmoduls erlaubt zusätzliche Daten zur Stabilität und Biomechanik der Fibrillen. Damit sind weitgehende Informationen zum Grad des Gewebszusammenhalts (Autolyse, postmortale Degradation) und zur normalen oder pathologischen Struktur des kollagenen Bindegewebes möglich. Auch in diesem Falle beginnen jetzt erst die ausführlicheren Untersuchungen an historischem Gewebe, so dass auch in diesem Fall mit neuen Erkenntnissen in naher Zukunft zu rechnen ist.

Schließlich bietet sich die Verknüpfung verschiedener moderner morphologischer und biochemischer Analyseverfahren an, um zusätzliche neue Informationsquellen auch in Mumiengewebe zu erschließen. Ein solcher Ansatz fällt – wie die Kraftfeld-Mikroskopie – in den Bereich der Nanotechnologie. Dabei handelt es um eine Laser-gestützte Mikrodissektion von Gewebestrukturen (aus histologischen Präparationen) mit nachfolgender Analyse von aDNA in den Mikrodissektaten. Auch hier wird somit eine Kombination von Lokalisation einer Struktur und deren molekularer Analyse vorgenommen. Dadurch wird eine kontaminationsfreie Untersuchung von kleinen Gewebestrukturen möglich. Erste Untersuchungen an altägyptischem Knochenmaterial sind angelaufen, um die technischen Modalitäten zu klären. Mit Hilfe dieses kombinierten Verfahrens soll die gewebespezifische Analytik noch wesentlich verbessert werden.

14. Isotopenuntersuchungen und Spurenelementanalysen

Schließlich bietet die chemische Untersuchung von Spurenelementen und Isotopen wichtige Daten über Zusammensetzung und Alter von Biomaterialien. Diese Techniken haben einen weithin akzeptierten und fest etablierten Platz im Untersuchungsablauf von historischem Biomaterial, so auch von Mumiengewebe. Als »Standardverfahren« ist hier die Radiocarbon-Methode anzuführen, die durch den radioaktiven Zerfall von ^{14}C-Molekülen im Vergleich zu bekannten Kalibrierungsdaten das absolute Alter einer Probe angeben kann. Im Falle von menschlichem Biomaterial wird mit Eintritt des Todes kein weiteres ^{14}C aus der Nahrungskette aufgenommen, so dass hier der Zerfall von ^{14}C die Dauer zwischen Todeszeitpunkt und Datum der Messung wiedergibt. Die aktuelle Messgenauigkeit der ^{14}C-Datierung liegt bei rund +/- 40 Jahren (Taylor et al., 1992), ist also vergleichsweise präzise und erlaubt die Zuordnung eines Individuums zu einer bestimmten historischen Periode.

Weitere, jedoch weniger genutzte Informationen bieten andere Isotopenuntersuchungen. Das Verhältnis bestimmter Stickstoff-Isotope – zusammen mit Kohlenstoff-Isotopen – wird als Parameter für eine Nahrungsmittelaufnahme von tierischer und/oder pflanzlicher Nahrung angesehen. Insbesondere soll auch eine Unterscheidung zwischen tierischem Eiweiß hinsichtlich seiner Herkunft von Fisch oder Fleisch möglich sein, so dass auf die bevorzugte Nahrungsquelle eines Individuums geschlossen werden kann. Diese Untersuchungen erfordern einen großen technischen Aufwand und sind durch eine Vielzahl von Störfaktoren beeinflussbar, so dass sich generelle Isotopenanalysen nicht durchgesetzt haben.

Ähnlich wie für Isotope ist die Situation für die Spurenelemente, zu denen ebenfalls verschiedene Untersuchungen an historischem Material vorliegen. Von erheblichem Interesse sind dabei solche Elemente, denen man einen bestimmten Effekt auf den Stoffwechsel zuschreiben kann (z.B. Blei für die Bleivergiftung). Darüber hinaus sind auch solche Elemente von Bedeutung, die eine »Marker-Funktion« für spezifische Gewebsprozesse haben. Als häufiges und interessantes Beispiel hierfür kann die Bestimmung von trivalentem Eisen gelten, das als Haemosiderin im Rahmen des Abbaus von Blutpigment auftritt und somit eine nicht mehr frische bis ältere Blutung im Gewebe anzeigt. Die Bestimmung von Spurenelementen und Isotopen ist allerdings technisch aufwendig und in ihrer Interpretation schwierig, so dass diese Untersuchungen heute sinnvollerweise nur in einzelnen Zentren mit spezieller Ausstattung vorgenommen werden sollten. Der hohe Aufwand bei der Analyse von Spurenelementen und Isotopen ist notwendig, um die oft minimalen Mengen sicher und reproduzierbar nachweisen zu können. Dieser große Aufwand steht meist der Untersuchung größerer Reihen entgegen.

15. Ausblick

Die vorgenannten technischen Entwicklungen in der wissenschaftlichen Untersuchung von Mumien- und Skelettmaterial haben uns eine Vielzahl von faszinierenden Informationen und Einblicken in Leben und Leiden vor hunderten und tausenden von Jahren ermöglicht. Dies gilt umso mehr für das pharaonische Ägypten, als hier eine Fülle von Biomaterial in Form von Mumien und deren Resten vorhanden ist. Dabei wird jedoch auch rasch klar, dass hierzu ein zum Teil erheblicher technischer, apparativer, jedoch auch organisatorischer Aufwand notwendig ist – auf die finanzielle Dimension sei hier nur am Rande verwiesen –, so dass »Massen-Untersuchungen« nur schwer durchführbar sein dürften. Demzufolge wird auch in der nächsten Zukunft unser Wissen über die altägyptischen Lebensverhältnisse weitgehend nur von den Untersuchungen an Einzelfällen geprägt sein. Allerdings zeigen gerade die eigenen Untersuchungen an menschlichen Überresten in ägyptischen Nekropolen (Nerlich and Zink, 2002a, 2000b), dass diese Einzeldaten recht gut durch »Felduntersuchungen« ergänzt werden können. Dies erscheint zudem notwendig, als die lange Zeit der altägyptischen Hochkultur von rund 3000 Jahren eine differenzierte Betrachtung der Lebensverhältnisse und Krankheitsumstände zu unterschiedlichen Zeitperioden notwendig macht. Hiervon sind wir im Augenblick noch weit entfernt. Das enorme Potenzial zur Informationsbeschaffung an altem Biomaterial macht jedoch auch klar, dass wir durchaus gute Chancen haben, eine große Fülle an Daten über die damalige Bevölkerung erhalten zu können. Die technische Fortentwicklung und die zunehmende Erkenntnis, dass allein interdisziplinäres Arbeiten hier Fortschritte bringt, sind noch im Wachsen und werden uns vermutlich noch manche überraschende Erkenntnis über die alten Ägypter und ihr Leben bringen.

16. Dank

Die Autoren danken der Deutschen Forschungsgemeinschaft für die Unterstützung der eigenen Arbeiten (Ne 575/3-3). Des Weiteren sind wir zahlreichen Ägyptologen für ihre Hilfe bei den eigenen paläopathologischen Untersuchungen in Ägypten zu Dank verpflichtet. Stellvertretend seien Prof. Dr. Daniel Polz, Deutsches Archäologisches Institut Kairo, und Prof. Dr. Erhard Graefe, Institut für Ägyptologie und Koptologie, Universität Münster, und allen Kollegen gedankt.

17. Literaturverzeichnis

ANSLINGER K., WEICHHOLD G., KEIL W., BAYER B., EISENMENGER W., *Identification of the skeletal remains of Martin Bormann by mtDNA analysis*. Int J Legal Med 114: 194-6, 2001.

ARRIAZA B.T., SALO W., AUFDERHEIDE A.C., HOLCOMB T. A., *Pre-Columbian tuberculosis in northern Chile: molecular and skeletal evidence*. Am J Phys Anthropol. 98:37-45, 1995.

AUFDERHEIDE A. AND RODRIGUEZ-MARTIN C., *Cambridge Encyclopedia of Human Paleopathology New York*. Cambridge University Press, 1998.

BACHMEIER B., KAISER C., NERLICH A., PENNING R., EISENMENGER W., PESCHEL O., *Preliminary molecular study of time-dependent changes in DNA-stability in soil-buried skeletal material*. Internat. Soc. Forensic Genetics, p. 107, 2001.

COCKBURN A., COCKBURN E., REYMAN T. A., *Mummies, Disease and Ancient Cultures*. Cambridge University Press, Cambridge, 1998.

COCKBURN A., BARRACO R. A., REYMAN T. A., PECK W. H., *Autopsy of an Egyptian mummy*. Science 187: 1155-1160, 1975.

DAVID A. R., *Manchester Museum Mummy Project*. Manchester University Press, 1979.

DAVID, R., ARCHBOLD R., *Conversations with mummies: new light on the lives of ancient Egyptians*. New York: William Morrow, 2000.

DAVID A. R., TAPP E. (eds.), *Evidence Embalmed*. Manchester: University Press, 1984.

DRANCOURT M., ABOUDHARAM G., SIGNOLI M., ET AL., *Detection of 400-year-old Yersinia pestis DNA in human dental pulp. An approach to the diagnosis of ancient septicemia*. Proc Natl Acad Sci USA. 95:12637-12640, 1998.

DONOGHUE H. D., SPIGELMAN M., ZIAS J., GERNAEY-CHILD A. M., MINNIKIN D. E., *Mycobacterium tuberculosis complex DNA in calcified pleura from remains 1400 years old*. Lett. Appl. Microbiol. 27: 265-269, 1998.

FAERMAN M., JANKAUSKAS R., GORSKI A., BERCOVIER H., GREENBLATT C. L., *Prevalence of human tuberculosis in a medieval population of Lithuania studied by ancient DNA analysis*. Ancient Biomolecules; 1: 205-214, 1997.

GILL P., IVANOV P. L., KIMPTON C., PIERCY R., BENSON N., TULLY G., EVETT I., HAGELBERG E., SULLIVAN K., *Identification of the remains of the Romanov family by DNA analysis*. Nat Genet 6:130-135, 1994.

GRAVER A. M., EL MOLTO J., PARR R. L., WALTERS S., PRAYMAK R. C., MAKI J. M., *Mitochondrial DNA research in the Dakhleh oasis, Egypt. A preliminary report*. Ancient Biomolecules 3: 239-253, 2001.

GRAY P. H. K. & DAWSON W., *Catalogue of Egyptian Antiquities in the British Museum I*, Mummies and Human Remains (London), pp.8, plates Va, XXI-Vabc., 1968.

CRUPE G., *Preservation of collagen in bone from dry sandy soil.* J Archaeol. Science 22: 193-199, 1995.

GUHL F., JARAMILLO C., VALLEJO G. A., ET AL., *Isolation of Trypanosoma cruzi DNA in 4,000-year-old mummified human tissue from Northern Chile.* Am J Phys Anthropol; 108: 401-407. 1999.

GÜRTLER L. G., JÄGER V., GRUBER W., HILLMAR I., SCHOBLOCH R., MÜLLER P. K., ZIEGELMAYER G., *Presence of proteins in human bones 200, 1200 and 1500 years of age.* Hum Biol 53:137-150, 1981.

HAAS C. J., ZINK A., PALFI G.Y., SZEIMIES U., NERLICH A. G., *Detection of leprosy in ancient human skeletal remains by molecular identification of Mycobacterium leprae.* Am J Clin Pathol; 114: 428-436, 2000a.

HAAS C. J., ZINK A., MOLNAR E., SZEIMIES U., REISCHL U., MARCSIK A., ARDAGNA Y., DUTOUR O., PALFY G. AND NERLICH A. G., *Molecular evidence for different stages of tuberculosis in ancient bone samples from Hungary.* Am. J. Phys. Anthrop. 113:293-304, 2000b.

HAGEDORN H., ZINK A., SZEIMIES U., NERLICH A., *Macroscopic and endoscopic examinations of the head and neck region in ancient Egyptian mummies.* In: M. la Verghetta and L. Capasso (Hrsg.) : XIIIth European Meeting of the PALEOPATHOLOGY ASSOCIATION – PROCEEDINGS. Edigrafital, Teramo, Italy. S. 199-128. 2001.

HARRIS J. E. AND WEEKS K., *X-Raying the Pharaohs New York: Charles Scribner's*, 1993.

HORNE P. D., LEWIN P. K., *Autopsy of an Egyptian mummy. 7.* Electron microscopy of mummified tissue. Can Med Assoc J. 117:472-473, 1977.

HOUNSFIELD G. N., *A method of and apparatus for examination of a body by radiation such as X-ray or gamma radiation.* Patent Specification 1283915, 1972.

LEWIN PETER, A. J. MILLS, HOWARD SAVAGE AND JOHN VOLLMER, *Nakht: A Weaver of Thebes.* Rotunda 7, 4: 14-19, 1974.

MEKOTA A. M., ZINK A., ESTERHÁZY M. G., NERLICH A.G., *Determination of optimal rehydration, fixation and staining methods for the histological and immunohistochemical analysis of mummified soft tissues.* In : M. la Verghetta and L. Capasso (Hrsg.): XIIIth European Meeting of the PALEOPATHOLOGY ASSOCIATION – PROCEEDINGS. Edigrafital, Teramo, Italy. S. 197-201, 2001.

NERLICH, *Molecular Archaeology – A New Approach for the Investigation of the Ancient Egyptian Population.* Egyptian Archaeology 17: 5-7, 2000.

NERLICH A. G., HAAS C. J., ZINK A., SZEIMIES U., HAGEDORN H. G., *Molecular evidence for tuberculosis in an ancient Egyptian mummy.* Lancet 350: 1404, 1997.

NERLICH A., PARSCHE F., KIRSCH T., WIEST I., VON DER MARK K., *Immunohistochemical detection of interstitial collagens in bone and cartilage tissue remnants in an infant Peruvian mummy.* Am. J. Phys. Anthropol. 91: 279-285, 1993.

NERLICH A., PARSCHE F., WIEST I., SCHRAMEL P., LÖHRS U., *Extensive pulmonary hemorrhage in an Egyptian mummy.* Virchows Arch. 427: 423-429, 1995.

NERLICH A. G., SZEIMIES U., HAGEDORN H., ZINK A., *Die Mumie von TT-196 – Moderne radiologische und molekulare Untersuchungen an einer vollständigen Mumie in Ägypten.* In: Graefe, E. (Hrsg.) Das Grab TT 196 im Asasif/Theben-West., im Druck, 2002.

NERLICH A. G., ZINK A., *Leben und Krankheit im alten Ägypten.* Bay Äbl. 56: 373-376, 2001.

NERLICH A. G., ZINK A., *Anthropological and paleopathological analysis of human remains in the Theban necropolis. A comparative study on three »Tombs of the Nobles«,* In: J. Taylor, N. Strudwick (Hrsg.) Colloqium on the Theban Necropolis, British Museum Press Occasional Papers, in press, 2002a.

Nerlich A., Zink A., *Paläopathologische Untersuchungsergebnisse an der Mumie ÄS 12d.* Beitrag in diesem Buch, 2002b.

NUNN J. F., *Ancient Egyptian Medicine.* University of Oklahoma Press, Norman, 1996.

PÄÄBO S., *Ancient DNA: extraction, characterization, molecular cloning, and enzymatic amplification.* Proceedings of the National Academy of Sciences, USA 86:1939-1943, 1989.

PAHL W. M., *Altägyptische Schädelchirurgie: Untersuchungen zur Differentialdiagnose von Trepanationsdefekten und zur Realisierung entsprechender Eingriffe in einem elaborierten prähippokratischen Medizinsystem.* Gustav Fischer Verlag, Stuttgart, 1993.

PARSCHE F., NERLICH A., ZINK A., WIEST I., *Collagen Immunohistology in Paleopathology - Evidence for active bone remodelling in a Peruvian tibia.* Journal of Paleopathology 6: 103-108, 1994.

PARSCHE F., NERLICH A., *Suitability of immunohistochemistry for the determination of collagen stability in historic bone tissue.* J. Archaeol. Sci. 24: 275-281, 1997.

PETSCHEL S., SCHNEIDER H., RAVEN M. R., *Leben und Tod im alten Ägypten.* Reichsmuseum für Altertümer, Leiden, Gustav-Lübcke-Museum, Hamm, 1999.

ROTHSCHILD B. M., MARTIN L.D., LEV G., BERCOVIER H., BAR-GAL G. K., GREENBLATT C., DONOGHUE H., SPIGELMAN M., AND BRITTAIN D., *Mycobacterium tuberculosis complex DNA from an extinct bison dated 17 000 years before the present.* Clin. Infect. Dis. 33:305-311, 2001.

RAFI A., SPIGELMAN M., STANFORD J., ET AL., *DNA of Mycobacterium leprae detected in ancient bone.* Int. J. Osteoar-chaeol: 4:287-290, 1994.

RUFFER M. A., *Histologic studies in Egyptian mummies.* In: Moodie RL (ed) Paleopathology in Egypt. University of Chicago Press, Chicago, pp. 49-61, 1921.

RUFFER M. A., *Remarks on the histology and pathological anatomy of Egyptian mummies.* Cairo Scientific J 4: 3-7, 1910.

RÜHLI F. J., BOENI T., *Radiological Aspects and Interpretation of Post-mortem Artefacts in Ancient Egyptian Mummies from Swiss Collections,* Int. J. Osteoarchaeol. 10: 153-157, 2000.

SALLARES R. AND GOMZI S., *Biomolecular archaeology of malaria.* Ancient Biomolecules 3: 195-213, 2001.

SALO W. L., AUFDERHEIDE A. C., BUIKSTRA J., HOLCOMB T. A., *Identification of Mycobacterium tuberculosis DNA in a pre-Columbian Peruvian mummy.* Proc Natl Acad Sci USA 91: 2091-2094, 1994.

SANDISON A. T., *The Histological Examination of Mummified Material.* Stain Technology 30(6): 277-283. 1955.

SCHULTZ M., *Paleohistopathology of bone: a new approach to the study of ancient diseases.* Yearbook of Physical Anthropology 44: 106-147, 2001.

SMITH E. G., DAWSON W. R., *Egyptian mummies.* G. Allen and Unwin Lts., London, 1924.

SPIGELMAN M., LEMMA E., *The use of polymerase chain reaction to detect Mycobacterium tuberculosis in ancient skeletons.* Int. J. Osteoarchaeol. 3:137-143, 1993.

STROUHAL E., *A case of metastatic carcinoma from Christian Sagala* (Egypt, Nubia). Anthropologischer Anzeiger 51: 97-113, 1993.

SZEIMIES U., ZINK A., NERLICH A. G., Mumienanalyse im CT. Fortschr. Röntgenstraße 174. im Druck. 2002.

TAPP E., *Histology and histopathology of the Manchester Mummies.* In: DAVID A. R. (ed) *Science in Egyptology.* Manchester University Press, Manchester, pp. 347-350, 1986.

TAYLOR G. M., GOYAL M., LEGGE A. J., SHAW R. J., YOUNG D., *Genotypic analysis of Mycobacterium tuberculosis from medieval human remains.* Microbiology 145:899-904, 1999.

TAYLOR G. M., RUTLAND P., MOLLESON T., *A sensitive polymerase chain reaction method for the detection of Plasmodium species DNA in ancient human remains.* Ancient Biomolecules 1: 193-203, 1997.

216

TAYLOR G. M., CROSSEY M., SALDANHA J., WALDRON T., *DNA from Mycobacterium tuberculosis identified in mediaeval human skeletal remains using polymerase chain reaction.* J Archaeol Sci 23: 789-798, 1996.

TAYLOR R. E., LONG A., KRA R. S., *Radiocarbon After Four Decades.* An Interdisciplinary Perspective. Springer New York, 1992.

THALHAMMER S., ZINK A., NERLICH A. G., HECKL W. M., *Atomic Force Microscopy with High Resolution Imaging of Collagen Fibrils – A New Technique to Investigate Collagen Structure in Historic Bone Tissues.* Journal of Archeological Science, 28: 1061-1068, 2001.

TUROSS N., *The biochemistry of ancient DNA in bone.* Experientia 50:530-535. 1994.

WEICHHOLD G. M., BARK J. E., KORTE W., EISENMENGER W., SULLIVAN K.M., *DNA analysis in the case of Kaspar Hauser.* Int J Legal Med 111:287-291, 1998.

WESER U., KAUP Y., *Intact mummified bone alkaline phosphatase Biochim.* Biophys Acta 1208:186-188, 1994.

WICK G., HALLER M., TIMPL R., CLEVE H., ZIEGELMAYER G., *Mummies from Peru. Demonstration of antigenic determinants of collagen in the skin.* Int Arch Allergy Appl Immunol 62:76-80, 1980.

ZIMMERMAN M. R., *Blood cells preserved in a mummy 2000 years old.* Science 180:303-4, 1973.

ZINK A., PARSCHE F., NERLICH A. G., BETZ P., WIEST I., *Abschlußbericht der anthropologischen/paläopathologischen Untersuchungen zu den Ausgrabungen beim »Hotel Stadt Leipzig«.* In: Landesamt für Archäologie mit Landesmuseum für Vorgeschichte, Dresden (Hrsg.). Arbeits- und Forschungsberichte zur sächsischen Bodendenkmalpflege, Band 39: 207-226, 1997.

ZINK A., REISCHL U., WOLF H., NERLICH A.G., Molecular evidence for bacteremia by gastrointestinal pathogenic bacteria in an infant mummy from ancient Egypt. Archives of Pathology and Laboratory Medicine, 124: 1614-1618, 2000.

ZINK A., HAAS C. J., SZEIMIES U., REISCHL U., NERLICH A. G., *Molecular analysis of skeletal tuberculosis in an ancient Egyptian population.* J. Med. Microbiol. 50:355-366, 2001a.

ZINK A., REISCHL U., WOLF H., NERLICH A. G., MILLER R. L., *Corynebacterium in ancient Eygpt.* Medical History, 45: 267-272, 2001b.

ZINK A., SOLA C., REISCHL U., GRABNER W., RASTOGI N., WOLF H., NERLICH A. G., *Characterization of Mycobacterium tuberculosis Complex Findings from Egyptian Mummies by Spoligotyping.* J Clin Microbiol., eingereicht.

217

PALÄOPATHOLOGISCHE UNTERSUCHUNGSERGEBNISSE AN DER MUMIE ÄS 12 D

A. Nerlich und A. Zink

GLIEDERUNG

1. Einleitung

Die ausführliche makroskopische, radiologische und histomorphologische Untersuchung von Mumien hat bislang zu zahlreichen wichtigen Befunden zu Leben und Krankheit der entsprechenden Bevölkerung geführt. So konnte in mehreren interdisziplinären Mumienprojekten (Cockburn et al., 1975, Lewin et al., 1974, David, 1979) an Einzelfunden von altägyptischen Mumien eine Reihe von pathologischen Veränderungen festgestellt werden, deren Kenntnis unser Wissen über das Auftreten von krankhaften Prozessen im alten Ägypten erheblich bereichert haben. Diese Mumienprojekte konnten auch den Weg bereiten für die grundsätzlichen naturwissenschaftlichen Untersuchungen von Mumien.

Erstmalige radiologische Untersuchungen im Jahre 1967 an Mumien aus der Ägyptologischen Staatssammlung München legten den Grundstein für detaillierte wissenschaftliche Analysen von Mumien aus heimischen Museumsbeständen, die im Rahmen des »Münchner Mumienprojektes«, das in der Zeit zwischen 1984 und 1985 mit Unterstützung durch die Deutsche Forschungsgemeinschaft (DFG) begonnen und durchgeführt werden konnte, durch eine interdisziplinäre Untersuchungsgruppe fortgesetzt wurden. Darüber hinaus konnte eine dieser Mumien – mit der Inventarnummer ÄS 12d versehen – nach Entnahme aus dem Sarkophag und Entfernung der Bindenwickelungen weiter makropathologisch untersucht werden. Diese Mumie war ausgewählt worden, da äußere Defekte in Folge von Beschädigungen während des 2. Weltkriegs einen weiteren Erhalt der Mumie schwierig machten. Nach ausführlichen wissenschaftlichen Diskussionen über kulturhistorische und naturwissenschaftliche Fragestellungen entschloss man sich so zur kompletten Auswickelung dieser Mumie.

Im Zuge der weiteren Untersuchungen stellten sich zunehmend Detailfragen, die sich immer mehr auch um Aussagen zu Lebensumständen und Krankheiten des Individuums entwickelten. Dies führte zu einer Fortführung der zunächst makroskopischen Untersuchungen mit histologischen und Spurenelementanalysen sowie Analysen zum möglichen Nachweis von psychoaktiven Biomolekülen. So wurde die Organzugehörigkeit von Organproben histologisch (sowie mit Hilfe von histochemischen Techniken) weiter analysiert und Spurenelementanalysen zur weiteren diagnostischen Absicherung vorgenommen (Nerlich et al., 1995). Über diese Analysen, deren technische Durchführung, Ergebnisse und Befundinterpretation wird im folgenden Text berichtet. Die Analysen wurden zwischen 1992 und 1994 durch eine Kooperation zwischen dem Institut für Anthropologie und Humangenetik (durchgeführt durch PD Dr. Franz Parsche †) und dem Pathologischen Institut der Ludwig-Maximilians-Universität München (Prof. Dr. Andreas Nerlich) unter Mithilfe zahlreicher weiterer Wissenschaftler und wissenschaftlichen Einrichtungen, die im Folgenden noch im Einzelnen benannt sind, ermöglicht.

2. Hinweise zu Herkunft und Datierung der Mumie ÄS 12d

Die Mumie ÄS 12d war – zusammen mit anderen Mumien – im Jahre 1820 vom Prager Geschäftsmann und Privatforscher Dr. F. W. Sieber an die Königlich Bayerische Akademie der Wissenschaften verkauft worden. Ihre Herkunft ist unbekannt. Der Sarg, in dem sich die Mumie befand, konnte anhand von ägyptologischen Untersuchungen im Rahmen einer radiologischen Analyse durch Kolta und Rothe (1980) in die 23. bis 24. Dynastie datiert werden (ca. 810 - 715 v. Chr.), die weitere Sarguntersuchung gab als Sarginhaberin eine Sängerin mit dem Namen »Hertubecht« an, die den Titel »Sängerin des Amun« besaß und somit in der höheren sozialen Ebene angesiedelt wurde.

Eine ^{14}C-Untersuchung von Gewebematerial der Mumie, das im Rahmen der nachfolgend angegebenen Auswickelung gewonnen werden konnte, konnte jedoch eine Datierung in das Jahr 905 +/- 40 v. Chr. festlegen, also in die Zeit der 21. Dynastie (ca. 1070 - 900 v. Chr.). Diese Diskrepanz in der Datierung weist bereits auf eine mögliche Differenz zwischen dem Sarg und der Mumie hin, die im folgenden durch die anthropologische Untersuchung bestätigt werden konnte: die Mumie erwies sich klar als die eines Mannes, so dass eindeutig der Sarg und die Mumie ohne Zusammenhang einander zugeordnet worden waren (vermutlich auf Grund monetärer Ursachen, da sich eine Mumie in einem Sarg für eine höhere Summe verkaufen ließ, als eine Mumie allein).

Der Zustand der Mumie vor der Entfernung der Binden zeigte folgende Defekte: der Kopf fehlte vollständig, ebenso waren beide Füße in Höhe der Vorfüße abgerissen und fehlten. Zusätzlich waren einige oberflächliche Binden aufgerissen. Ansonsten jedoch war der Zustand der Mumie gut, die sichtbaren tiefer liegenden Binden waren intakt.

3. Makroskopische Untersuchungen an der Mumie, Befunde und Aspekte von Bindenwickelungen und botanischen Resten (durchgeführt von PD Dr. F. Parsche†)

Nach der Untersuchung der Mumie mittels Röntgen und CT (s. hierzu Kolta et al., 1980) wurde die Mumie vermessen. Das Gewicht betrug 24,60 kg, die größte Länge maß 140,50 cm.

Das oberflächliche Leinenmaterial enthielt vergleichsweise wenig Harz- und Ölantragungen und war deshalb leicht abnehmbar. Die Binde, die der Bauchdecke direkt auflag, enthielt an der Stelle des eviszeralen Schnittes ein aus Wachs modelliertes Udjat-Auge, das direkt auf dem Leinengewebe ebenfalls mit Wachs festgeklebt worden war. Insgesamt konnten 167,78 m Binden mittleren Feinheitsgrades entfernt werden. Die Machart und das Muster der Binden unterschieden sich von dem, das an anderen Mumien der Münchner Mumiensammlung bekannt war. Die Webart entspricht der üblichen 1/1-Anordnung der Fäden aus Flachsfasern, die dieser Bindenart auch den allgemeinen Namen »Leinwandbindung« gegeben hatten. Durch den äußerst begrenzten Einsatz von Mumifizierungssubstanzen war der Erhaltungszustand der Flachsfasern ausgezeichnet. Um die äußere Erscheinungsform eines lebenden Menschen zu imitieren, war bereits außen auf dem durch die Dehydrierung des Körpers eingesunkenen Brustkorb ein Konglomerat aus Lehm und Sägespänen angebracht worden.

Nach vollständiger Abnahme der Leinenbinden (Abb. 1) kam ein rotbräunlich verfärbter Körper einer männlichen Leiche zum Vorschein, deren Individualgeschlecht zweifelsfrei anhand der äußeren Genitalien zugeordnet werden konnte. Der eviszerale Schnitt zur Entnahme der inneren Organe war – dem allgemein bekannten Ritus entsprechend – auf der linken Seite des Unterbauches. Die Position des Einschnittes war erwartungsgemäß in der Nähe der Leistengegend in Richtung auf das Genitale längs verlaufend angeordnet. Dies entspricht der Praxis, wie sie häufig in der Zeit von Pharao Thuthmosis III (also ab dem Neuen Reich) und später angewandt wurde (Leek, 1972).

Nach Abnahme der Hautschichten im Bereich von Thorax und Abdomen erwiesen sich die rechte Hälfte der Thoraxhöhle und der gesamte Beckenbereich als ausgefüllt mit Sägespänen und Erdmaterial. In der linken Thoraxhöhle hingegen fanden sich insgesamt sieben Päckchen aus Leinenbinden, von denen eines lediglich aus Binden bestand, während die anderen sechs Organe/-reste enthielten. In vier Organen konnte jeweils ein Wachsmodell der vier Söhne des Horus nachgewiesen werden, die in das entsprechende Organgewebe regelrecht »eingewickelt« waren (Abb. 2). Diese vier Figürchen der Horus-Söhne ließen sich vier spezifischen Organen zuweisen, wie dies aus den früheren Untersuchungen von Smith und Dawson (1924) bekannt war. Jeder Figur war eine Fußplatte aus Wachs anhaftend bzw. beigegeben. Die Figuren hatten folgende Maße und Gewichte:

Die vier Söhne des Horus als organbezogene Figuren		
	Länge der Figur	Gewicht der Figur
Paviankopf	60,30 mm	3,568 g
Falkenkopf	69,85 mm	3,619 g
Schakalkopf	76,20 mm	4,799 g
Menschenkopf	75,40 mm	4,125 g

Tabelle 1

Eine chemische Analyse des Materials der Figürchen (durchgeführt vom chemischen Labor der Siemens AG, München) ergab in allen Figuren – und dem zuvor erwähnten Udjat-Auge – reines Bienenwachs als Stoffklasse. Die Zusammensetzung des Bienenwachses unterschied sich nicht von dem heutiger Proben (s. hierzu auch Germer 1991).

Bei der Untersuchung des Füllmaterials fanden sich neben den Sägespänen – die Holzart konnte nicht näher bestimmt werden, da die Späne zu klein waren – folgende Pflanzenreste: Spelzanteile von Emmer *Triticum dicoccum Schübl* und Gerste *Hordeum vulgare L.;* daneben Strohabschnitte (wohl von Gerste und Emmer) und Blattreste und Blattstiele von Sykomorenbäumen *Ficus sycomorus L.*, schließlich Flechten *Farmelia furfuracea Ach.* Eine weitere Klassifikation war nicht möglich. Dabei ist die genannte Flechte herauszuheben, da sie vermutlich von Griechenland nach Ägypten importiert worden war und bisher nur in drei Königsmumien nachgewiesen wurde, die entweder aus der 21. Dynastie stammten oder aber in der 21. Dynastie restauriert worden waren. Man kann demzufolge annehmen, dass es sich um eine sehr kostbare Beigabe handelt, die als Parfümie-rungsmittel Verwendung gefunden haben dürfte. Dieser Fund unterstreicht eine sozial gehobenere Position des Toten.

Bereits in mittleren Bindenlagen wurden Defekte (bis 7 mm im Durchmesser) im Leinenmaterial sichtbar, die auf Käferbefall deuteten. Bei Durchsicht des Füllmaterials konnte diese Vermu-tung bestätigt werden. Es fanden sich Bruchstücke von Käfern, deren Reste jedoch für eine weiterführende Identifikation nicht ausreichten. Der Käferbefall dürfte post mortem erfolgt sein.

4. Histologische Identifikation von Organproben der Mumie

Der Nachweis der vier Horus-Söhne legte die zugehörigen Or-gansysteme nahe (Smith und Dawson, 1924). Zur weiteren Ge-websidentifikation sollte die makroskopische Organdiagnose durch eine feingewebliche Analyse ergänzt werden (s. Abb. 3 und 4). Zudem sollte nach pathologischen Organveränderun-gen gesucht werden.

Die histomorphologische Untersuchung jeweils einer oder meh-rerer Organproben aus den vier Päckchen mit den Figuren be-stätigte die Makrodiagnosen vollständig (Abb. 3 und 4). Die In-halte der anderen beiden Päckchen ließ sich nicht mehr untersu-chen, da hier eine hohe Konzentration an Harzsubstanzen das Gewebe völlig durchtränkt hatten. So konnte Lungengewebe zweifelsfrei anhand von Bronchialknorpel-Strukturen identifi-ziert werden (Abb. 4). Des Weiteren ließen sich weitere Leitstrukturen von Lungengewebe erkennen: kollabierte Luftwege im Sinne von Alveolarräumen und größere Blutgefäße. Einige der Blutgefäße waren so gut erhalten, dass intimale Verdickungen der Gefäßwand sicher ausgeschlossen werden konnten. Der Bronchialknorpel erwies sich als fokal verkalkt (Abb. 4) so dass das Individualalter auf mehr als 40 bis 50 Jahren geschätzt wurde. Demgegenüber hatten anthropologische Untersuchungen des Beckens und der langen Röhrenknochen ein Individualalter von rund 30 bis 40 Jahren nahe gelegt, wobei zugegebenermaßen der für eine genauere anthropologische Altersschätzung wesentliche Schädel im vorliegenden Fall fehlte und somit eine nur ungenaue anthropologische Altersbestimmung (Ferembach et al., 1979) vorgenommen werden konnte.

Weitere typische histologische Organstrukturen fanden sich auch in der Leber, deren charakteristische Portalfeldstrukturen eine ebenfalls sichere Organdiagnose erlaubte (Abb. 3). Das Leberparenchym war nur noch als homogene eosinophile Masse erhalten, Hinweise für eine Fibrose oder gar zirrhotischen Umbau fehlten, ebenso ergaben sich keinerlei Anhaltspunkte für die Ablagerung von Fremdmaterial, speziell kristallinen Einschlüssen oder organischem Fremdmaterial.

Mit größeren Problemen behaftet war die histologische Zuordnung der beiden übrigen Gewebe, bei denen es sich anhand der Figuren um Magen und Darm handeln sollte. In beiden Fällen ergab die histologische Analyse Wandstrukturen aus einem Hohlorgan. Darüber hinaus gelang es jedoch bei der Probe »Magen« eine dreigeschichtete Wandmuskulatur zu identifizieren, während die Probe »Darmwand« offensichtlich nur eine zweigeschichtete Struktur aufwies, so dass eine korrekte Zuordnung letztlich gelang. Zelluläre Details fehlten ebenso wie Schleimhautstrukturen. Immerhin ließ sich kein Anhaltspunkt für Fremdmaterial oder sonstige Einschlüsse im Gewebe ableiten.

Weitere histologische Untersuchungen an Haut und Meniskusgewebe ergaben auch in diesen Organsystemen regelrechte Strukturen ohne Anhalt für pathologische Befunde.

5. Pathomorphologische Befunde an den Lungengewebsproben

Im Gegensatz zu den übrigen Organen, die keinerlei pathologische Befunde erkennen ließen, konnten an mehreren Proben aus dem Lungengewebe Krankheitsbefunde abgeleitet werden: Am bedeutendsten erscheinen in dem kollabierten Lungengewebe fokale Ablagerungen eines braun pigmentierten Materiales, das eindeutig intraalveolär lokalisiert werden konnte (Abb. 5A). Dieses zum Teil granuläre Material fand sich nicht in allen Proben, jedoch in verschiedenen Proben aus unterschiedlichen Regionen des Organs. Histochemische Untersuchungen belegten in der Berliner-Blau-Färbung, dass es sich um dreiwertiges Eisen handelt (Abb. 5A), und somit als intravitale Hämosiderin-Ablagerungen anzusehen ist (zweiwertiges Eisen – wie dies z.B. in Erythrozyten gebunden vorliegt – reagiert nicht in der Berlin-Blau-Reaktion, dies somit als Beweis, dass keine falsch-positive Reaktion vorliegen konnte). Die schon erwähnte topographische Beziehung der Hämosiderin-Ablagerungen zu dem intraalveolären Raum weist somit auf intraalveoläre Blutungsreste

hin, die Interstitien und insbesondere das perivasale und peri-
bronchiale Bindegewebe – das zum Teil gut erhalten abgegrenzt
werden konnte – blieben frei von ähnlichen Pigmentablagerungen.

Neben diesen Hämosiderin-Ablagerungen konnten wir an zahlreichen Stellen im interstitiellen und speziell im peribronchial-/
perivasalen Lungengewebe schwarze Pigmentablagerungen
feststellen, die der Form, Größe und Gestalt nach als anthrako-
tische Depots von Rußpartikeln identifiziert werden konnten
(vgl. Abb. 5B). Zusätzlich fand sich jedoch an zahlreichen Stellen wiederum intraalveolär ein dunkelgraues Material, das im
polarisierten Licht eine kräftige Doppelbrechung aufwies und
somit als Silikat-Partikel zu bestimmen war. Diese Silikat-Ab-
lagerungen waren zweifellos als inhaliertes Sand- bzw. Staub-
material anzusehen, eine wesentliche umgebende Fibrosereaktion, wie bei einer Silikose zu erwarten gewesen wäre, fand
sich jedoch nicht. Dieses Material zeigte ein teils überlappen-
des, teils jedoch räumlich eindeutig getrenntes Verteilungsmuster zu den zuvor beschriebenen Hämosiderin-Ablagerungen,
so dass eine ausschließliche Ko-Verteilung ausgeschlossen werden konnte.

Schließlich konnten an wenigen Stellen im interstitiellen Paren-
chym kleine rundliche Verkalkungsherde entdeckt werden, die
strukturiert erschienen und dabei eine zum Teil schalenartige
Hülle aus PAS-positivem Material aufwiesen. Sie konnten keiner spezifischen histoanatomischen Struktur zugeordnet werden, so insbesondere keinem Gefäß- oder Bronchial-Bezug. In
unmittelbarer Nähe fanden sich keine Hämosiderin-Ablagerungen.

An mehreren Stellen durchgeführte histochemische Spezialuntersuchungen zum Nachweis bzw. Ausschluss von säurefesten Stäbchen (Mykobakterien) verliefen ohne positives Resultat.

6. Spurenelementanalysen
(durchgeführt von Herrn Prof. Dr. P. Schramel,
Institut für Ökologische Chemie,
GSF Neuherberg)

Zur weiteren differentialdiagnostischen Abklärung wurden Gewebeproben der vier identifizierten Organe sowie eine Vergleichsprobe aus dem Lehm, der sich zwischen den Binden befunden hatte, auf das Verteilungsmuster spezifischer Spurenelemente hin analysiert. Diese Analyse wurde mit Hilfe einer Atomemissions-Spektroskopie (ICP-AES) durchgeführt (vgl. auch Parsche et al., 1991). Die Werte wurden zwischen den verschiedenen Organen verglichen und mit den Werten aus dem Lehmmaterial in Beziehung gesetzt.

Die Untersuchung konnte folgende Elemente erfassen: Aluminium (Al), Calcium (Ca), Cadmium (Cd), Eisen (Fe), Magnesium (Mg), Mangan (Mn), Natrium (Na), Nickel (Ni), Blei (Pb) und Strontium (Sr). Die spezifischen Werte sind in Tabelle 2 aufgeführt:

Spurenelementanalyse der Organproben (10 mg/Kg)					
Element	Lehm	Lunge	Leber	Magen	Darm
Al	6244	1504	759	596	399
Ca	12 810	14 300	2239	5517	3440
Cd	1,2	1,6	2,7	1,5	1,8
Fe	981	8 840	986	705	636
Mg	573	436	435	480	688
Mn	206	456	340	551	631
Na	129	141	135	117	116
Ni	15,9	77,4	62,6	61,5	82,3
Pb	6,52	2,56	3,21	3,44	2,93
Sr	0,95	0,74	1,18	1,05	0,91

Tabelle 2

Obwohl verschiedene Spurenelemente in zum Teil deutlich unterschiedlicher Konzentration in den Proben vorkamen und teilweise erhebliche Schwankungsbreiten in den Werten vorlagen, ergibt sich als herausragenden Befund eine drastische Erhöhung der Konzentration an Eisen im Lungengewebe im Vergleich sowohl zu den anderen Organen, als auch zur Probe des Erdmaterials ($p<0,0001$). Ebenso deutlich erhöht ist die Konzentration an Calcium, das in Lunge wie Boden in etwa gleicher Konzentration zu messen war.

Die Spurenelementanalyse kann somit den stark erhöhten Gehalt an Eisen in der Lunge belegen, der eine reine »Kontamination« durch inhaliertes oder aber akzidentiell in die Lunge gelangtes eisenhaltiges Material ausschließt. Die Vermehrung von Calcium könnte gut als das Korrelat des ganz offensichtlich inhalierten Staubmaterials widerspiegeln. Demgegenüber lag keine signifikante Akkumulation eines weiteren Elements in einem der Organe vor.

7. Untersuchungen zum Nachweis psychoaktiver Substanzen im Mumiengewebe

In Zusammenarbeit mit Frau PD Dr. S. Balabanova vom Institut für Rechtsmedizin der Universität Ulm wurde von Herrn PD Dr. Franz Parsche in den Jahren 1989-1993 eine Untersuchung zum Nachweis von psychoaktiven Substanzen im Mumiengewebe durchgeführt, dies auch an Material der Mumie 12d ÄS. Hierzu wurden Proben von Haut/Muskel, Sehne, Knochen, Lunge, Leber, Magen und Darm verwendet, die »inneren Organe« dabei nach Möglichkeit von sicher Oberflächen-fernen Arealen, um eine Kontamination durch äußerlich aufgebrachte Substanzen zu vermeiden. Die Untersuchungen wurden zunächst mit Hilfe eines spezifischen Radio-Immunoassays vorgenommen, dabei konnten auch quantitative Werte bestimmt werden. Zur sicheren Identifikation wurden die Proben zusätzlich einer gaschromatographisch-massenspektrometrischen Analyse unterzogen, die den beweiskräftigen Nachweis spezifischer Inhaltsstoffe erbrachte.

In allen Organproben konnten die Moleküle Nikotin, Kokain und Tetrahydrocannabinol festgestellt werden, zusätzlich ließ sich der Nikotin-Metabolit Cotinin nachweisen. Es ist somit davon auszugehen, dass das Individuum zu Lebzeiten Kontakt mit den genannten Substanzen hatte. Eine Bestimmung der Konzentrationen ergab in verschiedenen Geweben ein durchaus unterschiedliches Muster (Tabelle 3).

Konzentration von verschiedenen psychoaktiven Substanzen in Mumiengewebe			
Gewebe	Nikotin	Kokain	Tetrahydro-cannabinol
Knochen	228 +/- 16	104 +/- 15	88 +/- 11
Haut/Muskel	485 +/- 41	133 +/- 23	2686 +/- 265
Sehne	816 +/- 44	0	684 +/- 65
Lunge	350 +/- 25	70 +/- 16	2090 +/- 312
Leber	887 +/- 51	461 +/- 62	306 +/- 42
Darm	281 +/- 24	96 +/- 23	927 +/- 86
Magen	1269 +/- 84	646 +/- 112	183 +/- 29

Tabelle 3   Alle Werte: ng/g; Mittelwert +/- SD

Diese Daten zeigen das Maximum für Nikotin in Magen- und Lebergewebe, hingegen erheblich geringere Messwerte in den anderen Organproben. Kokain war ebenso in Magen und Leber mit den höchsten Konzentrationen nachweisbar, während Tetrahydrocannabinol vor allem in Haut/Muskel und Lunge nachweisbar war. Die Untersuchungen mit GC-MS konnten den prinzipiellen Nachweis der genannten Substanzen bestätigen, es zeigten sich typische Profile. Dies deutet auf unterschiedliche Einnahmewege der aufgeführten Substanzen hin, wobei Tetrahydrocannabinol als Bestandteil von Weihrauch durch Räucherungen von außen (Haut/Muskel) – auch postmortal während der Balsamierung – an die Leiche geraten sein kann, hingegen eine postmortale »Kontamination« der Lungengewebsprobe sehr unwahrscheinlich ist, zumal die übrigen, ebenfalls mumifizierten Organpakete keine ähnlich erhöhten Werte aufwiesen. Demzufolge muss man – neben den Balsamierungsbedingt hohen Werten von Haut/Muskel – eine vorwiegende Inhalation von THC-haltigen Dämpfen annehmen.

Schwieriger ist die Interpretation der Konzentrationen für Nikotin und Kokain, deren Maxima vor allem in Magen und Leber zu finden sind. Dies könnte darauf hindeuten, dass beide Substanzen nicht inhaliert, sondern peroral aufgenommen worden sind und dann nach ihrer Resorption in der Leber gespeichert wurden. Definitive Aussagen hierzu lassen sich jedoch nicht treffen.

8. Bedeutung der makroskopischen, histologischen und spurenelement-analytischen Befunde für die Rekonstruktion von Leben und Krankheit der Mumie

Die intensive wissenschaftliche Untersuchung der Mumie ÄS 12d konnte eine Vielzahl von physiologischen und pathologischen Befunden aufdecken, die ausführliche Einblicke in das Leben und Leiden des entsprechenden Individuums erlauben. Mehrere Befunde sind möglicherweise zumindest mittelbar mit der Todesursache in Verbindung zu bringen und erlauben somit zumindest eine spekulative Rekonstruktion des Todesverlaufes bei dem Altägypter.

Entgegen der Inschriften des Sarges, die die Leiche einer »Sängerin des Amun« angegeben hatten, ergab schon die makroskopische Untersuchung das zweifelsfreie Vorliegen einer männlichen Mumie. Die radiologische Diagnostik der unausgewickelten Mumie war ebenso zum gleichen Schluss gekommen. Somit kann vermutet werden, dass Mumie und Sarg zu einem späteren Zeitpunkt einander zugefügt wurden, möglicherweise erst kurz bevor der Prager Privatgelehrte F.W. Sieber die Mumie kaufte und nach Europa brachte. Ein solches Vorgehen geschah offenbar nicht selten, um den Wert einer Mumie zu steigern (Germer, 1991). Dennoch stellt sich die Frage, ob die Art der Mumifikation, sowie die körperlichen Befunde Hinweise auf die soziale Stellung des Verstorbenen erlauben. Um dieser Frage näher zu kommen, muss der Zeitraum bestimmt werden, in dem unser Verstorbener lebte. Die radiologische Analyse hatte auf Grund der Art der Mumifikation ein Individuum der 23./24. Dynastie vermutet (810 - 715 v. Chr.) (Kolta und Rothe, 1980), die Radiokarbon-Datierung konnte als absolute Sterbezeit um 907 v. Chr. +/- 40 Jahre angeben, also einen späten Zeitraum der 21. (1070-890 v. Chr.) Dynastie bestimmen. Diese Diskrepanz zwischen beiden Datierungsmethoden ist nicht verwunderlich, stellt doch die archäologische Methode nur eine grobe Einteilung in bestimmte Perioden dar, die ohne weiteres auch um mehrere Dekaden über- und unterschritten werden können. Die ^{14}C-Datierung hingegen ist als kalibrierte Datierung gerade im Zeitraum Altägyptens relativ genau, so dass wir durchaus mit hoher Wahrscheinlichkeit den gemessenen Bereich von ca. 900 v. Chr. annehmen können.

Während dieser Zeit – auch als Dritte Zwischenzeit bekannt – durchlebte Ägypten eine Periode der inneren (und äußeren) Unruhe und der kriegerischen Auseinandersetzungen. Geht man davon aus, dass die Mumie mit Wahrscheinlichkeit aus dem Raum Theben stammt – zumindest ist bekannt, dass der Sarg aus diesem Raum stammen dürfte (Parsche und Ziegelmayer, 1985) – so stammt das verstorbene Individuum aus der Reichsmetropole, also der Hauptstadt des altägyptischen Reiches, in einer Periode des politischen Umbruchs und der Unsicherheit. Die Art und das Ausmaß der Mumifikation legen nahe, dass eine Person aus mittlerer sozialer Schicht vorliegt. Hierfür spricht insbesondere das Fehlen von wesentlichen Amulett-Beigaben in den Binden. Andererseits zeigen die Horus-Figürchen der inneren Organe und das wächserne Udjat-Auge über dem Eviszerationsschnitt, dass doch einige finanzielle Anstrengungen bei der Mumifikation unternommen wurden.

Als wichtiges physisches Merkmal wurde zunächst das Sterbealter bestimmt. Die anthropologische Abschätzung, die zunächst ein Alter von rund 30 bis 40 Jahren vermuten ließ, konnte nicht gehalten werden, da erhebliche degenerative Knorpelveränderungen der kleinen Bronchialknorpel-Spangen in den Lungengewebsproben für ein deutlich höheres Alter sprechen. Ein Lebensalter von rund 50 bis 60 Jahre wäre so plausibler. Diese Diskrepanz kann gut erklärt werden durch die Tatsache, dass der Schädel durch spätere (kriegsbedingte) Wirren verloren ging und die anthropologische Altersabschätzung am Schädel die besten Daten liefert (Fermenbach et al. 1979). Die Bestimmung des Lebensalters an der Symphysenfuge, dem Rippenknorpel-/-knochen-Übergang oder der Struktur der Knochenspongiosa sind demgegenüber deutlich weniger zuverlässig. Insgesamt muss man also von einem fortgeschrittenen Lebensalter ausgehen.

Als bedeutender Fund konnten in den separat der Mumie in der Bauch-/Brusthöhle beigegebenen Organpäckchen vier kleine Figuren gefunden werden, die als die vier Söhne des Horus magische Schutzfunktion der Organe haben sollten. Eine Zuordnung der vier, mit unterschiedlichen Köpfen versehen, ansonsten jedoch menschengestaltigen Figuren zu den Organen »Lunge, Leber, Magen und Darm« lag nach der Beschreibung von Smith und Dawson (1924) vor. Um diese zu verifizieren, wurden histologische Untersuchungen zur Gewebeidentifikation durchgeführt. Es ließen sich dabei zum Teil organtypische Strukturen beobachten, die die Makro-Diagnose und die vermutete Organdiagnose anhand der Figuren klar bestätigte: In der Lunge fanden sich typische Bronchialknorpel-Spangen, in der Leber ebenfalls organspezifische Portalfeld-Strukturen. Magen und Darm unterschieden sich anhand der Textur der Wandmuskulatur. Obwohl die Schleimhaut Autolyse-bedingt jeweils fehlte, waren die Magenwand durch eine dreischichtige und der Darm durch eine zweischichtige Wandmuskulatur gekennzeichnet. Unsere Untersuchungen bestätigen somit die von Smith und Dawson angegebenen Zuordnungen der vier Horus-Söhne zu spezifischen Organen.

Während in Leber, Magen, Darm, wie auch in ebenfalls untersuchten Proben der Haut und des Meniskus keinerlei pathologische Veränderungen nachweisbar waren – zu denken wäre z.B. an Leberzirrhose, Darmwandbefall durch Parasiten etc. – konnten wir im Lungengewebe sogar mehrere pathologische Befunde erfassen. Die Ablagerungen eines schwärzlichen Anthrakose-Pigments sind nicht überraschend; sie sind die heutzutage sehr häufigen Befunde einer Anthrakofibrose, die ohne pathognomonische Bedeutung sind und bei Personen aus Ballungsräumen (»Luftverschmutzung«), Individuen mit Umgang mit offenem Feuer (Herdfeuer etc.) oder Personen aus dem Bergbau (v.a. Kohlebergbau) auch heutzutage außerordentlich häufig auftreten. Die Beobachtung von vermehrter Ablagerung von Anthrakose-Pigment in der Lunge könnte auf den Umgang mit offenem Feuer (Herdfeuer etc.) hindeuten, ist hierfür jedoch in keiner Weise beweisend.

Als klinisch wesentlich bedeutsamer sind die Ablagerungen von doppelt brechendem Material intraalveolär zu betrachten. Dieses Material war dabei disseminiert und diskontinuierlich verteilt, so dass eine reine »Kontamination« durch aufgelagerten Sand ausgeschlossen ist. Hierbei dürfte es sich mit hoher Wahrscheinlichkeit um Silizium-haltige Staubablagerungen handeln, die als Staub und Sand inhaliert wurden und dann in der Lunge verblieben sind. Dies ist in Ägypten mit seinen häufigen Sandstürmen kaum verwunderlich. Allerdings fand sich keine nennenswerte Fibrosereaktion um diese intraalveolären Ablagerungen, die im Fall einer Silikose der Lunge anzunehmen wäre. Die offensichtlich inerte Ablagerung in der Lunge unserer Mumie weist darauf hin, dass also eine Mischung aus verschiedenen Stäuben vorlag, ein weiterer Hinweis dafür, dass es sich um inhalierte natürliche Sandstäube handeln dürfte. Interessanterweise findet man auch in rezenten Wüstenpopulationen (z.B. Beduinen der Negev-Wüste) erhebliche intrapulmonale Ablagerungen sandhaltiger Stäube, jedoch ebenfalls ohne Ausbildung einer Silikose-Lunge, wie dies bei Staubinhalation aus reiner Siliziumquelle zu erwarten wäre (Bar-Ziv et al., 1974; Policart et al., 1952).

Neben diesen Silikatablagerungen konnten wir als überraschendsten Befund ebenfalls disseminierte intraalveoläre Ablagerungen von Hämosiderin-Pigment feststellen. Dieser Befund ergab sich aus der histochemischen Reaktion mit Berliner Blau, die spezifisch dreiwertiges Eisen nachweisen kann. Zweiwertiges Eisen, wie es beispielsweise im Hämoglobin der Erythrozyten enthalten ist, reagiert hier nicht. Eine Umwandlung des Hämoglobins in Hämosiderin ist ausschließlich als vitale Reaktion (meist durch Makrophagen bewerkstelligt) anerkannt, so dass wir sicher sagen können, dass unser Verstorbener intraalveoläre Lungenblutungen hatte, die er für eine gewisse Zeit von ca. wenigen Wochen überlebt hat. In diesem Zusammenhang sind auch die durchgeführten chemischen Kontroll-Untersuchungen von Bedeutung. So konnte die Spurenelementanalyse eindeutig belegen, dass der Gehalt des Lungengewebes an Eisen, den der anderen Organe und sogar des Lehmmateriales deutlich überschritt. Dies schließt auch die Möglichkeit aus, dass das Lungengewebe durch eisenhaltiges Erdmaterial »kontaminiert« wurde. Frühere chemische Analysen hatten gezeigt, dass Wüstensand zwischen 2,6 und 4,6% Eisenoxid enthält, welches zudem jedoch als zweiwertiges Eisenmolekül vorliegt (siehe hierzu oben) (Policart et al., 1952). Darüber hinaus konnten wir beobachten, dass in der Lunge zwar fokal durchaus eine Überlappung von Hämosiderin und Silikatstaub auftrat, jedoch keine strikte Kolokalisation festzustellen war. Auch dieses spricht dafür, dass das Hämosiderin nicht einfach durch Inhalation in die Alveolarräume gelangt war.

Entsprechend dieser Befunde können wir davon ausgehen, dass der altägyptische »Patient« an – vermutlich mehrfachen – Lungenblutungen gelitten hat, die zumindest zum Teil für mehrere Wochen oder Monate überlebt worden sein müssen, um die Umwandlung des Hämoglobins in Hämosiderin bewerkstelligen zu können. Bisher sind (rezidivierte) Lungenblutungen bei keiner weiteren Mumie festgestellt worden und lediglich eine Publikation berichtet von einer frischen Lungenblutung. Hier konnte Zimmerman (1979) in einer altägyptischen Kindermumie Reste einer intratrachealen und intrabronchialen Blutung beobachten. Da er zudem in Gewebeschnitten aus einem auffällig veränderten Wirbelkörper der selben Mumie histochemisch säurefeste Stäbchen-Bakterien nachweisen konnte, spricht die Befundkonstellation in diesem Fall für eine Lungentuberkulose, die zum »Blutsturz«, also zur schweren, tödlichen Lungenblutung (meist durch Arrosion eines größeren Gefäßastes bei Kavernen-Bildung) geführt hatte.

In dem hier beschriebenen Fall konnten wir jedoch zudem weitere pathologische Befunde im Lungengewebe feststellen, deren mögliche Rolle als Ursache für die beschriebenen Blutungen zu diskutieren ist. Es handelt sich hierbei um die an wenigen Stellen gefundenen kleinen, rundlichen Verkalkungsherde, die von einem PAS-positiven schalenartigen Material umgeben waren. Hierbei dürfte es sich mit hoher Wahrscheinlichkeit um die Reste von Parasiten handeln, die intrapulmonal gelegen als Blutungsquelle durchaus in Frage kommen, wobei das PAS-positive Hüllmaterial im Sinne eines kutikulären Mantels anzusehen wäre. Umgebend konnten wir zusätzlich eine deutliche Fibrose feststellen, die vermuteten Parasiten selbst waren verkalkt und damit als abgestorben anzusehen.

Um die Frage nach der möglichen Blutungsursache weiter zu klären – und damit eine in Frage kommende Parasitose zu erhärten – sollen zunächst differentialdiagnostisch in Betracht kommende weitere Blutungsursachen ausgeschlossen werden.

■ Chronische pulmonale Druckerhöhung – beispielsweise bei Linksherzinsuffizienz – führt in aller Regel zu rezidivierenden, minimalen Blutungen, deren »Überreste« in Form von Eisenhaltigen Makrophagen intraalveolär zu finden sind. Gegen eine solche chronische Blutstauung spricht jedoch der zu beobachtende Befund an den sehr gut erhaltenen pulmonalen Gefäßen, die sich als unauffällig darstellten, im Falle einer ausgeprägteren chronischen Stauungslunge jedoch eine teilweise erhebliche Intimafibrose hätten aufweisen müssen.

■ Infektionen der Lunge können in bestimmten Fällen zu Lungenblutungen führen. Dies gilt insbesondere für Pilzinfekte (Aspergillom), deren Residuen jedoch in Nähe der Blutungsreste hätten festgestellt werden müssen. Ebenso konnten keinerlei

Zeichen einer pneumonischen Gewebsveränderung beobachtet werden.

■ Lungenblutungen als Folge eines schweren Thoraxtraumas mit Lungenverletzung oder zumindest -kontusion sind ebenso wenig wahrscheinlich, zumal die sorgfältige Inspektion des Thoraxskelettes keine Verletzungsfolgen (z.B. frische Rippenfrakturen) erkennen ließen.

■ Zeichen einer Vaskulitis als mögliche Blutungsursache konnten an den schon erwähnten, sehr gut erhaltenen Gefäßen ebenso wenig beobachtet werden.

■ Nicht ganz ausgeschlossen werden kann, dass es zur Aspiration von Blut aus dem Magen oder oberen Respirationstrakt gekommen ist. Allerdings wäre bei einer akuten Aspiration, die dann tödlich verlaufen sein könnte, eine Umwandlung von Hämoglobin in Hämosiderin vermutlich noch nicht abgelaufen, mehrfache rezidivierende Aspirations-Ereignisse sind zwar wenig wahrscheinlich, jedoch nicht gänzlich auszuschließen.

Unter Berücksichtigung dieser Differentialdiagnosen ist folglich die Hypothese von mehrfachen Lungenblutungen auf dem Boden eines chronischen Parasitenbefalls noch am plausibelsten, wie sie sich auf Grund der vermuteten Parasitenreste anbieten würde. Nichtsdestotrotz ist es ebenso wahrscheinlich, dass die wiederholten Lungenblutungen unmittelbar, oder aber mittelbar am Todesgeschehen des Individuums maßgeblichen Anteil hatten, so dass wir über die vermutliche Todesursache zumindest fundiert spekulieren können.

Hieraus ergäbe sich das Szenario, dass unsere Person an einem chronischen Parasitenbefall litt, der zusammen mit chronischer Staubbelastung – und den Resten von anthrakotischen Pigmenteinlagerungen durch Inhalation von Rauch aus offenem Feuer – die Lunge schädigte. Hierbei muss es zu mehrfachen, jedoch nicht tödlichen Blutungen, möglicherweise auch in Form kleiner Sickerblutungen, gekommen sein, deren Ausmaß jedoch mehr und mehr zunahm und schließlich einen Großteil der Lunge betraf. Ab einem bestimmten Ausmaß an diesen Blutungen dürfte es zu klinisch relevanten Problemen mit der Atmung gekommen sein, und es ist vorstellbar, dass diese dann eines Tages maßgeblich zum Tod beigetragen haben.

Von erheblicher Bedeutung sind in diesem Zusammenhang auch die Beobachtungen an psychoaktiven Molekülen, die zum Teil erhebliche Konzentrationen für die untersuchten Substanzen in Mumiengewebe ergaben. Dies deckt sich mit früheren Untersuchungen von Parsche, Balabanova und Pirsig (1993), die in Knochenproben bereits verschiedene psychoaktive Substanzen hatten nachweisen können. Allerdings sind die Daten nicht unwidersprochen geblieben (siehe im Folgenden), eine letztendliche Klärung des Befundes steht noch aus, zumal andere Untersucher keinen spezifischen Drogennachweis in Mumiengewebe anderer Individuen erbringen konnten. Setzt man die getroffenen Beobachtungen jedoch voraus, sprechen diese Daten dafür, dass der über einen längeren Zeitraum »Kranke« mittels der nachgewiesenen Substanzen in einer vermutlichen Schmerzsituation Linderung erfahren sollte. Dies wäre ein unmittelbarer und ganz konkreter Hinweis für eine auch im heutigen Sinne zielgerichtete Medikamententherapie im alten Ägypten.

Interessanterweise zeigen die Mengenbestimmungen ein »organtypisches« Verteilungsmuster. Gut erklärbar ist dabei das

Muster für Tetrahydrocannabinol, das vor allem in Haut/Muskel und Lunge nachgewiesen werden konnte. Der Nachweis in Haut/Muskel ist durch Räucherungszeremonie mit Weihrauch, das THC in erheblichen Mengen enthält, im Zuge der Balsamierung erklärbar. Die Räucherungszeremonien sind schriftlich gut belegbar (Grapow, 1958). Der sehr hohe Gehalt im Lungengewebe ist jedoch nur durch eine intravitale Inhalation erklärbar, da die Proben aus dem Inneren der Organpakete entnommen wurden, somit eine oberflächliche »Kontamination« wenig wahrscheinlich ist und die übrigen Päckchen, die gleichartig behandelt wurden wie die Lunge, erheblich niedrigere Konzentrationen enthielten. Auch dies könnte auf Räucherungsszenen – allerdings für den Kranken – hinweisen (Grapow, 1958).

Wesentlich schwieriger ist die Interpretation der übrigen Daten zu diesem Komplex. Sowohl Nikotin als auch Kokain konnte vor allem im Magen- und Lebergewebe festgestellt werden, was auf einen Einnahmeweg per os hinweist, für den es allerdings bislang keinerlei Anhalt aus schriftlichen Quellen gibt. Hier könnten empirische Beobachtungen der alten Ägypter über die Einnahme von besonderen Pflanzen – ebenso deren mögliche Beschreibung in den medizinischen Texten, die bislang noch nicht entschlüsselt werden konnten – von Bedeutung gewesen sein. Der Nachweis einer Nikotin-haltigen Pflanze auf dem afrikanischen Kontinent *(Nicotiana africana)* belegt jedoch, dass ein prinzipieller Zugang zu Nikotin-haltigen Pflanzen schon in der Antike postuliert werden kann. In diesem Zusammenhang ist es auch von maßgeblicher Bedeutung, dass nicht nur Nikotin, sondern auch der Metabolit Cotinin – wenn auch in erheblich geringeren Konzentrationen – von Frau PD Dr. Balabanova in Mumienproben gefunden wurde, ein wichtiges Argument dafür, dass ein intravitaler Kontakt mit Nikotin tatsächlich stattgefunden haben muss. Über die Herkunft von Kokain gibt es bislang keinerlei Daten, so dass hier Spekulationen freier Lauf gelassen werden kann.

Generell lässt sich jedoch in Bezug auf die Analyse von psychoaktiven Substanzen festhalten, dass deren Nachweis und Verteilungsmuster in Organproben für eine konkrete »Behandlung« des über einen gewissen Zeitraum kranken Patienten sprechen dürfte. Art der Anwendung und Behandlungsrichtlinien sind unbekannt, dürften jedoch durch viele hundert Jahre empirischer Beobachtungen gewachsen sein.

9. Schlussfolgerungen

Die ausführliche interdisziplinäre paläopathologische Untersuchung der Mumie ÄS 12d konnte wesentliche Erkenntnisse über Leben und Lebensumstände der historischen Person bringen. Darüber hinaus ließ sich ein ausgedehnter Einblick in wichtige Krankheitsbefunde ableiten, und ein vermutliches Szenario zu Krankheitsablauf und möglichen Behandlungsmaßnahmen ableiten. Im Zentrum der todesursächlich wichtigen Befunde steht eine wiederholte Lungenblutung, die histochemisch und spurenelement-analytisch zweifelsfrei belegt werden kann. Dieser ausführliche Ansatz mit Einsatz verschiedenster Techniken zur Erfassung von Daten aus Mumiengewebe unterstreicht die Möglichkeiten zur Rekonstruktion von Leben und Krankheit vor langer Zeit. Die Befunde und das zum Teil erschreckende Ausmaß an pathologischen Veränderungen belegen zudem, dass trotz ärztlichem Wissen und Wirken im alten Ägypten die damalige Zeit noch sehr weit von einer kausalen Therapie entfernt waren, auch wenn die Anwendung von Mitteln mit zumindest schmerzlindernder Wirkung einen zielgerichteten Behandlungsversuch widerspiegelt. Die Mumienanalyse erweitert darüber hinaus jedoch auch unseren Horizont im Hinblick auf die Lebensbedingungen, die für das Verständnis historischer Zusammenhänge von erheblicher Bedeutung sind.

Abbildung 1: *Makroskopische Aspekte der Mumie ÄS 12d*
Die Mumie zeigte nach der Abnahme der Binden einen intakten Thoraxschild.

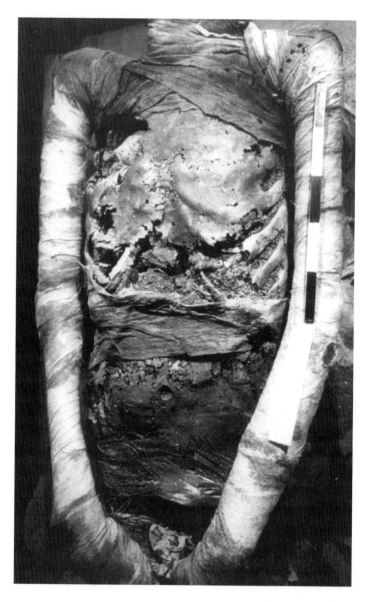

Abbildung 2:

Makroskopisches Bild der vier identifizierten Organe mit den zugehörigen Horus-Figürchen.

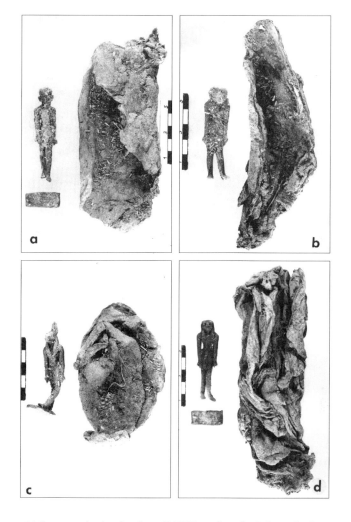

(a) Der menschenköpfige Gott AMSET wurde in der Leber gefunden.
(b) Der pavianköpfige Gott HAPI war in die Lunge eingewickelt.
(c) Der schakalköpfige Gott KEBEHSENUF war in den Magen eingeschlagen.
(d) Der falkenköpfige Gott DUATMUTEF war im Darm enthalten.

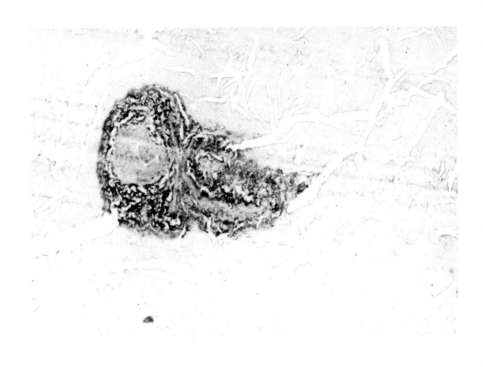

Abbildung 3:

Histologische Identifikation von Lebergewebe

Die Leber konnte durch ganz typische Portalfeldstrukturen (Zentrum) identifiziert werden. Hinweise für krankhafte Veränderungen des Lebergewebes lagen nicht vor. (Elastica-van Gieson, Original-Vergrößerung: x 400)

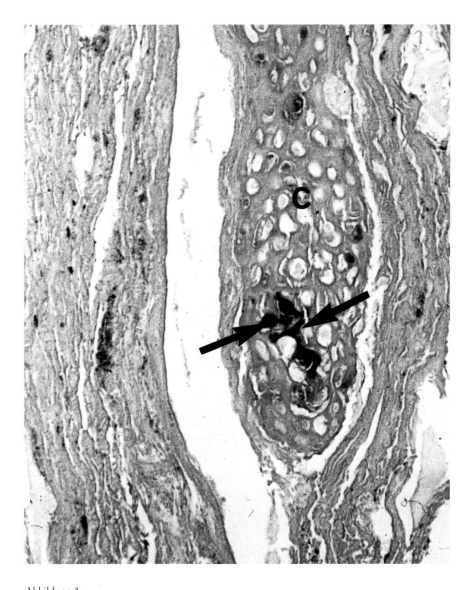

Abbildung 4:

Histologische Beobachtungen zur Identifikation von Lungengewebe.
Als wesentlicher Befund fand sich in dieser Organprobe Bronchialknorpel in flachen Spangen.
(HE; Original-Vergrößerung x 400)

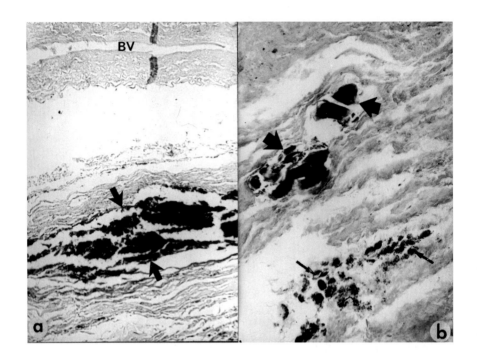

Abbildung 5:

Pathohistologische Befunde am Lungengewebe der Mumie

*(a) Eine Berliner-Blau-Reaktion zum Nachweis von Hämosiderin zeigt in diesen Ablagerungen ei-
ne eindeutig positive Reaktion (Pfeile). Man beachte das unauffällige Blutgefäß (BV).*
*(b) Der fokale Nachweis von kleinen, PAS-positiven Einschlüssen weist auf möglichen Parasiten-
befall hin (dicker Pfeil), in diesem Bild daneben feinstäubige Einlagerungen von Anthrakose-Pigment (dünne Pfeile) und umgebende Fibrose.*
(a: Berliner-Blau-Reaktion; b: PAS-Reaktion; Original-Vergrößerungen: a: x 400; b: x 600).

10. Literaturverzeichnis

BAR-ZIV J., GOLDBERG G. M., *Simple siliceous pneumoconiosis in Negev bedouins*, Arch. Env. Health 29: 121-126, 1974

COCKBURN A., BARRACO R. A., REYMAN T. A., PECK W. H., *Autopsy of an Egyptian mummy*, Science 187: 1155-1160, 1975

DAVID A. R., *Manchester Museum Mummy Project*, Manchester University Press 1979

FEREMBACH D., SCHWIDETZKY I., STLOUKAL M., *Empfehlungen für die Alters- und Geschlechtsdiagnose am Skelett*, Homo 30: 1-32, 1979

GERMER R., *Mumien: Zeugen des Pharaonenreiches*, Zürich: Artemis and Winkler, 1991

GRAPOW H., *Medizin der Alten Ägypter IV/1*, Akademie Verlag Berlin, 1958

KOLTA K. S., ROTHE R., *Mumifikation im alten Ägypten*, Bay. Ärzteblatt 5: 496-502, 1980

LEEK F. F., *The Humain Remains from the Tomb of Tut'ankhamun*, Oxford 1972

LEWIN P., MILLS A. J., SAVAGE H., VOLLMER J. NAKHT: *A Weaver of Thebes*, Rotunda 7, (4): 14-19, (1974).

NERLICH A., PARSCHE F., WIEST I., SCHRAMEL P., LÖHRS U., *Extensive pulmonary hemorrhage in an Egyptian mummy*, Virchows Arch., 1995

PARSCHE F., BALABANOVA S., PIRSIG W., *Drugs in ancient populations*, Lancet 341: 503, 1993

PARSCHE F., WILLERSHAUSEN-ZÖNNCHEN B., HAMM G., Spurenelement-Untersuchungen an Zahnstein von Individuen historischer Populationen. Dtsch. Zahn-Mund-Kieferheilk. 79: 219-223, 1991

PARSCHE F., ZIEGELMAYER G., *Munich Mummy Project – New results*, In: Schoske S (ed) Akten des 4. Int. Ägyptologenkongresses. Helmut Buske Verlag, Hamburg, S. 287-299, 1985

POLICART A., COLLET A., *Deposition of siliceous dust in the lungs of the inhabitants of the Saharan region*, Arch. Ind. Hyg. Occup. Med. 5: 527-534, 1952

SMITH E. G., DAWSON W. R., *Egyptian mummies*, G. Allen and Unwin Lts., London, 1924

ZIMMERMAN M. R., *Pulmonary and osseous tuberculosis in an Egyptian mummy*, Bull. New York Acad. Med. 55: 604-608, 1979

Die Autoren

KOLTA KAMAL SABRI, Dr. phil., Akad. Oberrat i. R., Institut für Geschichte der Medizin der Ludwig-Maximilians-Universität München

MATOUSCHEK ERICH, Prof. Dr. med. Dr. rer. nat., ehem. Direktor der Urologischen Klinik des Städtischen Klinikums Karlsruhe, Akademisches Lehrkrankenhaus der Universität Freiburg im Breisgau

NERLICH ANDREAS, Prof. Dr. med., Chefarzt des Instituts für Pathologie, Krankenhaus München-Bogenhausen, Akademisches Lehrkrankenhaus der Technischen Universität München, Vorsitzender der interdisziplinären Arbeitsgruppe Paläopathologie

SCHWARZMANN-SCHAFHAUSER DORIS, PD Dr. med. Dr. phil., Institut für Geschichte der Medizin der Universität Würzburg

ZINK ALBERT, Institut für Pathologie, Krankenhaus München-Bogenhausen, Akademisches Lehrkrankenhaus der Technischen Universität München